普通高等教育精品系列教材

茶文化与茶艺技能

实训教程

▶ 主　编◎刘　轶
▶ 副主编◎廖姝姝　胡　映

西南财经大学出版社
中国·成都

图书在版编目(CIP)数据

茶文化与茶艺技能实训教程/刘轶主编;廖姝姝,胡映副主编.--成都:西南财经大学出版社,2025.8.
ISBN 978-7-5504-6730-9

Ⅰ.TS971.21

中国国家版本馆 CIP 数据核字第 2025GB3597 号

茶文化与茶艺技能实训教程

CHAWENHUA YU CHAYI JINENG SHIXUN JIAOCHENG

主　编　刘　轶
副主编　廖姝姝　胡　映

策划编辑:石晓东
责任编辑:王青杰
责任校对:王　琳
封面设计:墨创文化
责任印制:朱曼丽

出版发行	西南财经大学出版社(四川省成都市光华村街 55 号)
网　　址	http://cbs.swufe.edu.cn
电子邮件	bookcj@swufe.edu.cn
邮政编码	610074
电　　话	028-87353785
照　　排	四川胜翔数码印务设计有限公司
印　　刷	成都市金雅迪彩色印刷有限公司
成品尺寸	185 mm×260 mm
印　　张	10.5
字　　数	225 千字
版　　次	2025 年 8 月第 1 版
印　　次	2025 年 8 月第 1 次印刷
印　　数	1— 1500 册
书　　号	ISBN 978-7-5504-6730-9
定　　价	42.00 元

前言

中国是世界上最早发现、利用和培育茶叶的国家，是茶文化的发祥地。作为中华优秀传统文化的重要组成部分，茶文化展现了中华民族的创造力和文化底蕴。在中国，茶既是百姓生活的日常饮品，也是传承中华文明的重要载体。如今，饮茶已成为现代人追求美好生活的重要方式，也是弘扬传统文化的重要途径。

党的二十大报告指出，传承中华优秀传统文化，满足人民日益增长的精神文化需求。传承中华优秀传统茶文化，需要新时代青年深入学习贯彻习近平新时代中国特色社会主义思想，掌握系统的茶文化知识。为培养高素质茶文化人才，落实人才强国战略，各院校积极开设茶艺课程，部分高校已设立茶艺专业。本教材立足编者多年教学实践，吸收同类教材精华，旨在服务我国茶艺行业高质量发展，满足高校茶艺教学需要，为培养德才兼备的茶文化传承者贡献力量。

本书按照教育部提倡的“工学结合”模式而编写，设定了合理的理论、实践教学模块，按照茶艺师实际操作流程来编写教学内容。全书共分为上、下两篇，上篇的内容是与茶艺相关的基础知识，是本书的理论部分，包括茶史溯源、茶叶基础概论、茶叶冲泡基础知识、茶与健康等内容，凝练了课程思政元素；下篇是实践教学部分，用十二个模块讲解各类茶的冲泡及品鉴。为避免书中图表编号混乱，本书图表编号规则如下：上篇为“图章-序号”（例：图 1-1），下篇为“图 M 模块-序号”（例：图 M2-1）。本书由刘轶任主编，廖姝姝、胡映任副主编。在编写过程中，编者参阅了大量文献，并吸取了其中的有益成果，在此对被参考和借鉴书籍、资料的作者深表谢意，同时恳请广大师生、茶艺工作者、社会各界人士对本书的内容提出宝贵意见和建议，以帮助我们不断改进和完善。

刘轶

2025 年 7 月

目录

上篇　茶文化概论

第一章　茶史溯源 ……………………………………………………………（3）

第一节　茶的起源 ……………………………………………………………（4）

第二节　中国茶文化的发展历史及茶的传播 ……………………………（6）

第三节　饮茶发展历史及方式的演变 ……………………………………（11）

第二章　茶叶基础概论 ………………………………………………………（17）

第一节　茶树基础知识 ………………………………………………………（18）

第二节　茶叶制作工艺及分类 ………………………………………………（20）

第三节　茶区的分布及代表名品 ……………………………………………（29）

第三章　茶叶冲泡基础知识 …………………………………………………（42）

第一节　择水与候汤 …………………………………………………………（43）

第二节　茶具的选择 …………………………………………………………（47）

第三节　泡茶的要素 …………………………………………………………（59）

第四章　茶与健康 ……………………………………………………………（62）

第一节　茶与健康的关系 ……………………………………………………（63）

第二节　茶叶的主要成分与保健功能 ……………………………………（65）

第三节　科学饮茶与健康养生 ………………………………………………（69）

下篇　茶艺技能实训

模块一　行茶礼仪与茶事服务 ……………………………………（75）
任务一　茶艺师的仪容仪表 ……………………………………（75）
任务二　茶艺师服务的姿态训练 ……………………………………（76）
任务三　茶艺服务的常用礼节 ……………………………………（77）

模块二　茶叶的识别 ……………………………………（79）
任务一　茶叶的鉴别方式 ……………………………………（79）
任务二　品茶的基本程序 ……………………………………（80）

模块三　绿茶及绿茶茶艺 ……………………………………（83）
任务一　绿茶概述 ……………………………………（83）
任务二　绿茶的制作工艺 ……………………………………（84）
任务三　绿茶的分类及代表名品 ……………………………………（85）
任务四　绿茶的冲泡及品鉴 ……………………………………（86）

模块四　红茶及红茶茶艺 ……………………………………（92）
任务一　红茶概述 ……………………………………（92）
任务二　红茶的制作工艺 ……………………………………（93）
任务三　红茶的分类及代表名品 ……………………………………（94）
任务四　红茶的冲泡及品鉴 ……………………………………（95）

模块五　黄茶及黄茶茶艺 ……………………………………（99）
任务一　黄茶概述 ……………………………………（99）
任务二　黄茶的制作工艺 ……………………………………（100）
任务三　黄茶的分类 ……………………………………（101）
任务四　黄茶的冲泡及品鉴 ……………………………………（102）

模块六　白茶及白茶茶艺 ……………………………………（106）
任务一　白茶概述 ……………………………………（106）
任务二　白茶的制作工艺 ……………………………………（107）
任务三　白茶的分类及代表名品 ……………………………………（107）
任务四　白茶的冲泡及品鉴 ……………………………………（109）

模块七　乌龙茶及乌龙茶茶艺 ……………………………… (115)
任务一　乌龙茶概述 ……………………………… (115)
任务二　乌龙茶的制作工艺 ……………………………… (116)
任务三　乌龙茶的分类及代表名品 ……………………………… (117)
任务四　乌龙茶的冲泡及品鉴 ……………………………… (119)

模块八　黑茶及黑茶茶艺 ……………………………… (128)
任务一　黑茶概述 ……………………………… (128)
任务二　黑茶的加工工序 ……………………………… (129)
任务三　黑茶的分类及代表名品 ……………………………… (130)
任务四　黑茶的冲泡及品鉴 ……………………………… (131)

模块九　花茶及花茶茶艺 ……………………………… (137)
任务一　花茶概述 ……………………………… (137)
任务二　花茶的加工工艺 ……………………………… (137)
任务三　花茶的分类及代表名品 ……………………………… (138)
任务四　花茶的冲泡及品鉴 ……………………………… (138)

模块十　茶席设计 ……………………………… (141)
任务一　茶席的构成要素 ……………………………… (141)
任务二　茶具组合 ……………………………… (143)
任务三　茶席的结构与背景设计 ……………………………… (144)
任务四　茶席插花 ……………………………… (144)
任务五　茶席设计文案的撰写 ……………………………… (144)

模块十一　常见茶类的冲泡技艺 ……………………………… (146)
任务一　玻璃杯具——绿茶的冲泡法 ……………………………… (146)
任务二　北京盖碗——花茶的冲泡法 ……………………………… (148)
任务三　闽式小壶——乌龙点茶法 ……………………………… (149)
任务四　潮州工夫（盖碗）——广东乌龙茶的泡法 ……………………………… (150)
任务五　台式小壶——乌龙点茶法 ……………………………… (151)
任务六　瓷质茶壶——红茶的冲泡法 ……………………………… (152)
任务七　紫砂小壶——普洱茶的冲泡法 ……………………………… (153)

模块十二　名茶茶艺表演的程序 ……………………………………（154）
任务一　绿茶之首——龙井茶的冲泡表演 ……………………………（154）
任务二　乌龙茶之极品——铁观音茶的冲泡表演 ……………………（157）

参考文献 ………………………………………………………………（159）

上篇
茶文化概论

第一章 茶史溯源

知识目标

- 了解茶文化的内涵。
- 了解茶的起源和茶在国内外的传播。
- 了解中国茶叶的发展历程及中国茶文化简史。
- 了解我国主要产茶区。

知识重点

- 中国茶的发展与传播
- 中国茶文化简史

课程思政要点

中华民族是一个历史悠久的民族，也是一个有着高雅情操的民族，自古以来，人们种茶、采茶、制茶、饮茶，方寸之间见精神。一杯清茶，传达的是友好、真诚、尊重等美好情感。本章旨在使学生了解中国茶文化的历史渊源，引导当代大学生传承我国优秀茶文化，提高自身修养。

第一节 茶的起源

中国是最早发现和利用茶树的国家，被称为茶的发源地。相关文字记载表明，我们的祖先在3 000多年前已经开始栽培和利用茶树。茶树的起源问题，历来争议较多，随着考证技术的发展，人们才逐渐达成共识，即中国是茶树的原产地，并确认中国西南地区（包括云南、贵州、四川）是茶树原产地的中心。由于地质变迁及人为栽培，茶开始由此普及全国，并逐渐传播至世界各地。

一、茶树的发现和利用

茶树是多年生常绿木本植物，陆羽在《茶经》中写道："茶之为饮，发乎神农氏，闻于鲁周公。"茶最初作为药用，后来发展成为饮料。《神农本草经》（约成于汉朝）记述了"神农尝百草，日遇七十二毒，得荼而解之"的传说，其中"荼"即"茶"，这是我国最早发现和利用茶叶的记载。

（一）神农的传说

相传，神农是个很奇特的人，他有一个水晶般透明的肚子，吃下什么东西，在胃肠里可以看得清清楚楚。那时候，人们还不会用火烧东西吃，吃的花草、野果、虫鱼、禽兽之类都是生吞活咽的，因此，人们经常患病。神农为了解除人们的疾苦，就决心利用自己特殊的肚子把看到的植物都尝试一遍，看看这些植物在肚子里的变化，以便让人们知道哪些植物无毒可以吃，哪些有毒不能吃。这样，他就开始试尝百草。当尝到一种开着白色花朵的树上的嫩叶时，他发现这种绿叶真奇怪，一吃到肚子里，就从上到下，从下到上，到处流动洗涤，好似在肚子里检查什么，把胃肠洗涤得干干净净，他就称这种绿叶为"查"。之后，人们又把"查"说成了"茶"。神农成年累月地跋山涉水，试尝百草，每天都得中毒几次，全靠茶来解救。后来，他见到一株开着黄色小花的草，那花萼在一张一合地动着。他感到好奇，就把那叶子放在嘴里慢慢咀嚼。不一会儿，他感到肚子很难受，还未来得及吃茶叶，肚肠就一节节地断开了。神农就这样为拯救人类牺牲了自己。于是，人们称这种草为"断肠草"。常言道："神农尝药千千万，可治不了断肠伤。"

这虽然是个传说，但也可以看出，现在的农业和医学是千千万万前人用血汗和生命换来的。在原始社会，人们为了求生存，必须与饥饿和疾病做长期艰苦的斗争。原始农业和医学的建立，绝不是某一时期、某一人所能完成的，而是千千万万劳动人民经过长期实践的结果。后人因崇敬、纪念农业和医学发现者的功绩，特地塑造了神农氏这样一个偶像。这正如传说中"构木为巢，以避群害"的有巢氏，"钻燧取火，以化腥臊"的燧人氏和"结绳而为网罟，以佃以渔"的伏羲氏一样，是完全可以理解的。

（二）中国西南地区是茶树的原产地

一般认为，茶树的发现和利用可以追溯到四五千年前的原始社会。我国西南地区是世界上最早发现野生茶树和现存野生大茶树最多、最集中的地方。这里的野生大茶树最具有原始的特征和特性，同时这里是最早发现茶、利用茶的地方。根据植物分类，茶科植物全球现存共 12 属约 240 种，分布在我国的就有 10 属 210 余种，其中绝大部分分布在云南、广西、贵州和四川一带，并还在不断发现中。

早在三国时期，我国就有关于在西南地区发现野生大茶树的记载。1961 年在云南省的大黑山密林中发现一棵高 23.6 米、树围 2.3 米的野生大茶树，这棵树单株存在，树龄约 1 700 年。1991 年在云南镇沅县千家寨的原始森林（海拔 2 100 米）中，发现一株野生大茶树，1996 年经专家测定树高 25.6 米、基部直径 1.20 米、树龄 2 700 年左右。森林中直径 30 厘米以上的野生茶树到处可见。总之，我国是世界上最早发现野生大茶树的国家，而且树体最大，数量最多，分布最广，由此可以说明中国是茶树的原产地。

二、茶的称谓

在古代史料中，茶的名称很多。《诗经》中有“茶”字；《尔雅》中既有“槚”，又有“茶”；《晏子春秋》中称“茗”；《尚书·顾命》称茶为“诧”；西汉司马相如的《凡将篇》称茶为“荈诧”；西汉末年杨雄的《方言》称茶为“蔎”；《神农本草经》称之为“茶草”或“选”；东汉的《桐君录》中谓之“瓜芦木”；等等。

唐陆羽的《茶经》中有“其名，一曰茶，二曰槚，三曰蔎，四曰茗，五曰荈”。总之，在陆羽撰写《茶经》前，对茶的提法不少于 10 种，其中用得最多、最普遍的是“茶”。由于茶事的发展，指茶的“茶”字使用得越来越多，因此有了区别的必要，于是从一字多义的“茶”字中，衍生出“茶”字。陆羽在写《茶经》时，将“茶”字减少一划，改写为“茶”。从此，在古今茶学书中，茶字的形、音、义也就固定下来了。

由于茶叶最先是由中国输出到世界各地的，因此，时至今日，各国对茶的称谓，是由中国茶叶输出地区人民对茶的称谓直译过去的，如日语的“chɑ”、印度语的“chā”都为茶字原音。俄文的“чaǔ”，与我国北方对茶叶的发音相似。英文的“tea”、法文的“thé”、德文的“Tee”，都是照我国广东、福建沿海地区人民的发音转译的。总体来讲，茶叶是由我国海路传播到西欧各国的，茶的发音大多近似我国福建沿海地区的“te”和“tī”音；茶叶由我国陆路向北、向西传播出去的国家，茶的发音近似我国华北的“cha”音。

茶字的演变与确定，从一个侧面告诉人们：茶字的形、音、义，最早是由中国确定的，至今已成了世界人民对茶的称谓。它还告诉人们：茶出自中国、源于中国，中国是茶的发源地。

第二节　中国茶文化的发展历史及茶的传播

一、中国茶文化的发展历史

（一）起源时期

1. 神农时期

唐代陆羽在《茶经》中提到“茶之为饮，发乎神农氏”，传说神农尝百草，日遇七十二毒，得荼（茶）而解之，此时茶被当作药用。

2. 商周时期

据东晋常璩所撰《华阳国志・巴志》的记载，巴子国“土植五谷，牲具六畜……茶、蜜、灵龟、巨犀、山鸡、白雉、黄润鲜粉，皆纳贡之。其果实之珍者，树有荔枝，蔓有辛蒟，园有芳蒻、香茗”，表明生活在陕西南部的古代巴人是中国最早用茶、种茶的，至少已有 3 000 年用茶、种茶的历史。

3. 秦汉时期

西汉王褒在《僮约》中有“烹荼尽具”“武阳买荼”的描写，一般认为“买荼”之“荼”为茶，而武阳即今四川眉山市彭山区，说明四川人民在汉宣帝神爵三年（公元前 59 年）即开始饮茶，中国人的饮茶时间不晚于公元前一世纪。西汉时期，茶作为四川的特产，通过进贡渠道传到京都长安，并逐渐向北方地区传播；同时，茶沿长江传播至长江中下游地区。但在西汉时，饮茶主要限于王公贵族，民间可能很少饮茶。

（二）发展时期

两晋南北朝时期：一些有眼光的政治家提出“以茶养廉”，以对抗当时的奢侈之风。魏晋以来，天下骚乱，文人无以匡世，渐兴清淡之风，最初清淡家多酒徒，如竹林七贤，后来部分人转向好茶，出现许多好茶人。此时，茶以文化面貌出现，文人雅士多喜好饮茶，如西晋张载曾写《登成都白菟楼诗》：“借问杨子宅，想见长卿庐”“芳茶冠六清，溢味播九区”。南北朝时期，帝王公卿、文人道流，茶风较晋更浓，且吴兴有御茶园。

隋唐时期：唐代开元以后，中国的“茶道”大行，饮茶之风弥漫朝野。中唐封演所著的《封氏闻见记》载：“南人好饮之，北人初不多饮。开元中，太山灵岩寺有降魔师大兴禅教。学禅务于不寐，又不夕食，皆恃其饮茶。人自怀挟，到处煮饮。从此转相仿效，遂成风俗。……于是茶道大行，王公朝士无不饮者。……穷日尽夜，殆成风俗，始自中地，流于塞外”。陆羽的《茶经》，阐述了茶学、茶艺、茶道思想，这一时期由于茶人辈出，饮茶之道对水质、茶、茶具、煎茶的追求臻于极致，呈现出高雅奢华的审美倾向。

宋元时期：茶区继续扩大，种茶、制茶、点茶技艺精进。宋代茶文化发达，出现一批茶学著作，如蔡襄《茶录》、宋子安《东溪试茶录》、黄儒《品茶要录》，特别是宋徽宗赵佶著有《大观茶论》等。宋代是历史上茶饮活动最活跃的时代，由于这一时期南北饮茶文化的融合，开始出现茶馆文化。茶馆在南宋时被称为茶肆，当时临安城的茶饮买卖昼夜不绝。此外，宋代的茶饮活动从贡茶开始，又衍生出“绣茶”“斗茶”“分茶”等娱乐方式。

（三）鼎盛时期

明清时期：茶文化在明清时期得到进一步发展。明代茶叶的制作工艺有了创新，出现了蒸青、炒青、烘青等品类，茶的饮用方式改为“撮泡法”。明代不少文人雅士留有传世之作，如唐伯虎的《烹茶画卷》《品茶图》等。茶叶种类增多，泡茶的技艺有别，茶具的款式、质地、花纹千姿百态。晚明到清初，精细的茶文化再次出现，制茶、烹饮虽未回到宋人的烦琐，但茶风趋向纤弱。明清之际，茶馆发展极为迅速，店堂布置古朴雅致，喝茶的人群除了文人雅士之外，还有商人、手工业者等，茶馆中经营点心和饮食，还增设说书、演唱节目，是民间的娱乐场所。

（四）继续发展时期

现代：新中国成立后，我国茶叶产量增长很快，物质基础的丰富为茶文化的发展提供了坚实的基础。同时，茶文化也在不断地得以传承和创新，与现代生活相结合，如茶艺表演、茶文化旅游等形式不断涌现，并且在国际上的影响力也逐渐扩大。

中国茶文化历经数千年的发展，内涵丰富，不仅包括茶叶的种植、制作、品饮等方面，还与哲学、文学、艺术、礼仪等紧密相连，成为中华传统文化的重要组成部分。

二、茶的传播

中国是茶树的原产地，中国在茶业上对人类的贡献主要在于最早发现并利用茶这种植物，并由此形成具有独特魅力的茶文化。这种格局的形成与传播有关系，中国茶从原产地向全国，从中国向世界的传播是一个历史过程。茶的传播途径存在国内和对外两条最基本的线路。

（一）茶在国内的传播

（1）中国茶业的始发点在巴蜀。

据文字记载和考证，战国时期，巴蜀就已形成一定规模的茶区。顾炎武曾经指出，中国的饮茶，是秦灭掉巴蜀之后才慢慢传播开来的。随着茶文化的发展，长江中游或华中地区成为茶业中心。

关于巴蜀茶业在我国早期茶业史上的突出地位，最早见于西汉王褒的《僮约》，该文有“烹茶尽具”及“武阳买茶”的描写。前者表明西汉时成都一带不仅饮茶成风，而且出现了专门的用具；后者表明，茶叶已经商品化，出现了茶叶市场。西汉时，成都已成为我国茶叶的一个消费中心，同时也是最早的茶叶集散中心。

（2）茶沿长江而下，使长江中游地区成为茶业中心。

秦汉统一中国后，茶业随巴蜀与各地经济文化交流的增多而不断传播。茶的种植、加工首先向东南部湘、粤、赣毗邻地区传播。

三国、西晋阶段，随着荆楚茶业和茶文化在全国范围内的不断传播，也由于地理上的有利条件，长江中游地区逐渐取代巴蜀地区茶文化的地位。三国时，南方栽种茶树的规模和范围有了明显的扩大，而茶的饮用也更为广泛，传入了北方豪门贵族。西晋时长江中游茶业的发展，还可以从西晋时期的《荆州土地记》得到佐证。其中记载："武陵七县通出茶，最好。"这说明荆汉地区茶业得到明显发展，此时巴蜀茶业独冠全国的优势已不复存在。

（3）东晋南北朝时期，长江下游和东南沿海茶业迅速发展。

西晋南渡之后，北方豪门过江侨居，建康（今南京）成为我国南方的政治中心。这一时期由于上层社会崇茶之风盛行，南方尤其是江东饮茶和茶叶文化有了较大的发展，也进一步促进了我国茶业向东南推进。这一时期，我国东南植茶，由浙西进而扩展到了现今温州、宁波沿海一带。不仅如此，如《桐君录》所载酉阳、武昌、晋陵皆出好茗。晋陵即今天的常州。这表明东晋和南朝时，长江下游一带的茶业，名气也逐渐大起来。同时，两晋之后，茶业重心东移的趋势更加明显了。

（4）唐朝中期以后，长江中下游地区成为中国茶叶生产和技术中心。

唐朝中期后，如《膳夫经手录》所载：今关西、山东、闾阎村落皆吃之，累日不食犹得，不得一日无茶。中原和西北民族地区都嗜茶成俗，于是南方茶的生产，随之蓬勃发展起来。尤其是与北方交通便利的江南、淮南茶区，茶的生产更是得到了快速发展。

这一时期长江中下游茶区，不仅茶产量大幅度提高，而且制茶技术也达到了当时的最高水平。这种高水准的结果，就使顾渚紫笋和常州阳羡茶成了贡茶。茶叶生产和技术的中心，正式转移到了长江中游和下游。

江南茶叶生产，集一时之盛。当时史料记载：安徽祁门周围，千里之内，各地种茶，山无遗土，业于茶者无数。现在赣东北、浙西和皖南一带，在唐代时，其茶业确实有一个特别的发展。同时由于贡茶设置在江南，大大促进了江南制茶技术的提高，也带动了全国各茶区的生产和发展。

（5）宋代茶业重心由东向南移。

五代至宋初，中国东南及华南地区的茶业获得了更加迅速的发展，并逐渐取代长江中下游茶区，成为宋朝茶业的重心。主要表现在贡茶从顾渚紫笋改为福建建安茶，唐时还不曾形成气候的闽南和岭南一带的茶业，明显地活跃和发展起来。

宋朝茶业重心南移的主要原因是气候的变化。江南早春茶树因气温降低，发芽推迟，不能保证茶叶在清明前进贡至京城。福建气候较暖，如欧阳修所说"建安三千里，京师三月尝新茶"。作为贡茶，建安茶的采制，带动了闽南和岭南茶区的崛起和发展。

由此可见，到了宋朝，茶已传播到全国各地。宋朝的茶区，基本上已与现代茶区范围相符。

（二）中国茶的对外传播

茶，以及由此衍生的茶文化，源于中国，兴于亚洲，传播到世界。而中国茶文化的传播，经历了由原产地向全国范围扩展，再向外传播，走向世界的过程。世界各国的茶种以及饮茶的习俗，都是直接或间接地源自中国。

中国茶叶的对外传播路径与方式主要有以下三种：

第一，我国茶叶向外传播得很早，应从“丝绸之路”谈起。

“丝绸之路”是指欧亚北部的商路，在新疆按其路线分为南、中、北三道，与南方的茶马古道形成对比。这条商路是西汉时张骞出使西域时开辟的，以长安（今西安）为起点，往西一直延伸到罗马。在通过这条漫漫长路进行贸易的货物中，以产自中国的丝绸最具代表性，“丝绸之路”因此得名。“丝绸之路”不仅是古代亚欧互通有无的商贸大道，还是促进亚欧各国和中国的友好往来、沟通东西方文化的友谊之路。

中国茶叶作为商品正式与国外进行贸易是在南北朝时期。当时，我国茶叶已运输到土耳其，茶叶贸易的对象也是土耳其商人，方法是以物易物。之后，自隋唐与西边互市不绝，尤其是回纥，在唐代开始大量以马易茶，称为“茶马互市”。中国茶通过回纥等地继续向西方转输。

而当时，长安已是通往西方的国际都会，丝绸、瓷器都大量输出，国内饮茶之风又一时大盛，长期旅居长安的商人怎么可能对茶视而不见呢？由此可见，我国早期茶的外传基本上是与陆路通向西亚的“丝绸之路”相辅而行的。唐代输往西亚和阿拉伯国家的茶应当不比输往东方诸国的少。由于东方日本、朝鲜等国皆因有学僧来华，在保留佛教文化交流材料时，同时保留了有关茶饮和种茶技术传播的记录，西亚国家的文字记录不如日本、朝鲜兴盛，国内对纯商业交往又往往不记于经典。因而，中国茶通过“丝绸之路”传播至西亚诸国的史实反而被忽略了。但这在现代相关专家学者的研究中已经得到了证实。

第二，从茶马古道谈起。

茶马古道是一条兴起于唐代，主要穿行于今藏、川、滇横断山脉地区和金沙江、澜沧江、怒江流域，以茶马互市为主要内容，以马帮为主要运输方式的古代商道。它作为一条连接内地与西藏的古代交通大动脉，历经唐、宋、元、明、清，其历史作用和现实意义不可低估。它在历史上不仅促进了“茶马古道”沿线高原城镇化的发展，为汉、藏以及其他民族间的经济和文化交流做出了重要贡献，历代中央王朝通过“茶马互市”和“茶马古道”，更加巩固了西南边疆，维护了国家的统一。

唐代以前，西藏地区一度是少数民族、游牧部落松散居住的地区。到松赞干布这位传奇英雄时，他以文治武功统一了西藏各部落，实力逐渐强大起来。唐太宗贞观十五年（公元 641 年），文成公主进藏时带了许多汉人的土特产和生产技术，其中茶叶引起了吐蕃人的浓厚兴趣，开始在吐蕃上层人士中传开。由于吐蕃族爱吃牛、羊肉，又没有什么蔬菜可吃，严重缺少茶叶这种温润的饮品来中和食物，于是茶叶在西藏地区迅速得到普及，带动了茶马互市。

严道在春秋战国时就已是南方丝绸之路上的贸易重镇，促进了东西方文化交流。后因中央政权更迭与少数民族冲突，这条商路曾一度中断。至唐代，随着中原与吐蕃茶马贸易的兴盛，南方丝绸之路又重新焕发生机。由于这条古道最初以茶叶为交换主体，以马为交换载体，所以被今天的学者称为“茶马古道”。因山高水急、山道险峻曲折，造成的车船难行是西南山区茶马古道形成的地理基础；西藏产骡马而需要茶叶，川、滇地区产茶叶而需要骡马，两地在地缘基础上存在贸易互补是西南山区茶马古道形成的市场基础。

当时各种道路的开辟都因民间的交往所需而开始，又由于官方的政治或经济需要而开辟成官道或大道。南方丝绸之路从荥经至汉源的路线，自战国至魏晋南北朝都没有改变，即从严道古城至花滩、荥河、泗坪翻大矿山而进入泸定和汉源仅此一条官道。唐代以后由于与吐蕃茶马互市的交易日益繁忙，而路线单一阻碍了茶马互市的进一步发展，因此，必须加宽道路或者另辟捷径，但由于群山环绕，一山连着一山，悬崖陡壁不可能加宽道路，于是就只剩另辟捷径这一条路。

大唐国力强盛，加之吐蕃对茶叶需求量的增加，政治与经济的双重压力迫使大唐必须在短期内解决这一问题。利用民间交流早有的羊肠小道，经过加宽加固，便形成了茶马互市的茶马古道。从雅安出发的茶马古道主要分两条：一条是官道或大道；另一条是民间商道或叫小道。大道在沿途设有脚店、客店，脚店主要用来宿放牲口，客店用来住宿“背子”，就是背夫。小路因为骡马难行，所以一般只有客店。

荥经到汉源的这条官道是从县城出发经严道古城，沿荥河南岸至花滩，折而向西经石佛寺，过大通桥进入安靖，继续前进进入凰仪，翻越大相岭，进入汉源境清溪。荥经到汉源和泸定的小道有一条，是在被废弃的南方丝绸之路的悬崖峭壁间。荥经的茶马古道非常有名，是因为荥经产的边茶质量好，西藏人民非常喜欢。荥经是官道，而且因为路途遥远艰辛，骡马难行，运输量又大，主要靠人力背运。

西南地区茶马古道的线路分布在两个地区：一是滇藏交界地区；二是川藏交界地区。这两个地区茶马古道都不是单一路线，只是前往西藏的大致方向。每条古道都有若干条分支路线与之交汇，形成网络。每条交通主线长达数千千米，来往一趟需四五个月。川藏茶马古道和滇藏茶马古道是以茶叶为纽带的网络，其中，以云南中甸、四川康定、西藏昌都构成的三角地带是川、藏地区茶马古道网络分布最为密集的区域，是各路马帮交会最为频繁的地方。而通往境外的茶马古道为：一是从雅安运出的茶，经过西藏，从亚东、聂拉木、吉隆等出口，进入不丹、尼泊尔、印度境内，直到西亚、西非红海海岸；二是从云南运出的茶，从西双版纳、思茅、腾冲等地进入越南、缅甸，也通往印度。这些地方也是古代中国与南亚地区一条重要的贸易通道。

第三，中国茶叶海上传播路径。

中国茶叶经海上向外传播始于唐代、盛于明清。在这个过程中，中国茶传播到世界各地多为商业行为，而海上茶路带有明显的文化特征。其向东由海路传播至朝鲜和日本；向南传至中南半岛，是以明朝郑和下西洋为肇始，开辟了与亚、非、欧、美各国的海上茶叶贸易之路，使中国茶能够在世界诸国得到广泛的传播。

唐贞元二十年（公元 804 年）七月，日本学僧最澄随藤原葛野麻吕为首的第 16 批遣唐使到达明州（今宁波）。归国前在明州开元寺受戒，805 年返回日本时，他带回多部经典书籍，成为日本佛教天台宗创始人。而且最澄在传佛的同时，到四明山采集茶籽，把浙东茶籽在日本广为播种，还带去了中国的饮茶风俗。日本京都比睿山麓的日吉茶园延续至今，为日本最古老的茶园，因此有人据此将他称为海上茶路的开创者。

唐长庆二年（公元 822 年）十二月，新罗使者金大廉从唐朝带回茶籽，植于地理山（今智异山）。朝鲜古籍《三国史记·新罗本纪·兴德王三年》载："冬十二月，遣使入唐朝贡，文宗召对于麟德殿，宴赐有差。入唐回使大廉持茶种子来，王使命植于地理山。茶自善德王有之，至于此盛焉。"朝鲜半岛确切的茶事记载稍晚于日本。

明永乐三年（1405 年）至宣德八年（1433 年），郑和率众 7 次远航，访问亚洲、非洲 30 多个国家和地区，加深了与各地的贸易和文化交流。

第三节　饮茶发展历史及方式的演变

一、饮茶的发展历史

中国饮茶历史久远，历来对选茗、取水、备具、作料、烹茶、奉茶以及品尝方法都颇为讲究，因而逐渐形成了丰富多彩、雅俗共赏的品茶技艺。

春秋以前，茶叶作为药用而受到关注。人们直接含嚼茶树鲜叶汲取茶汁，以感芬芳，获得清口快感，久而久之，茶的含嚼成为人们的一种嗜好，这时候当是茶之为饮的前奏。

随着人类生活习俗的演变，生嚼茶叶的习惯转变为煎服，即鲜叶洗净后，置陶罐中加水煮沸，连汤带叶服用。煎煮而成的茶，虽苦涩，然而滋味浓郁，风味与功效更胜一筹。这以后，人们就养成了煮煎品饮的习惯，这应该是茶作为饮料的开端。

茶由药用发展为日常饮料，是经过了食用阶段的。当时的人以茶当菜，煮作羹饮。茶叶煮熟后，与饭菜调和在一起食用。此时，用茶的目的，一是增加营养，二是作为食物解毒。从此，茶叶的利用方法前进了一步，人们运用了烹煮技术，也开始注意到茶汤的调味。

秦汉时期，茶叶的简单加工已经开始出现。鲜叶用木棒捣成饼状茶团，再晒干或烘干后存放。饮用时，先将茶团捣碎放入壶中，注入开水并加上葱姜和橘子调味。此时茶叶不仅是日常生活之解毒药品，而且成为待客之食品。

西汉时，茶已是宫廷及官宦人家的一种高雅消遣，王褒所著的《僮约》已有“武阳买茶”的记载。三国时期，崇茶之风进一步发展，开始注意到茶的烹煮方法，此时出现“以茶当酒”的习俗。到了两晋、南北朝，茶叶从原来珍贵的奢侈品逐渐成为普通饮料。

隋唐时，茶叶多加工成饼茶。饮用时，加调味品烹煮汤饮。随着茶事的兴旺，贡茶的出现加速了茶叶栽培和加工技术的发展，涌现出许多名茶，品饮之法也有较大进步。此时，为改善茶叶的苦涩味，饮茶时开始加入薄荷、盐、红枣调味。此外，这一时期已使用专门的烹茶器具，论茶的专著也已出现。陆羽《茶经》三卷，备言茶事，更对茶之饮之煮有详细的论述。此时，对茶和水的选择、烹煮方式以及饮茶环境和茶的质量也越来越讲究，逐渐形成了茶道。

茶兴于唐而盛于宋。在宋代，制茶方法出现改变，给饮茶方式带来了深远的影响。宋初茶叶多制成团茶、饼茶，饮用时碾碎，加调味品烹煮，也有不加的。随茶品的日益丰富与品茶的日益考究，人们逐渐重视茶叶原有的色香味，调味品逐渐减少。同时，出现了用蒸青法制成的散茶，且不断增多，茶类生产由团饼为主趋向以散茶为主。此时烹饮工序逐渐简化，传统的烹饮习惯，正是由宋开始至明清，出现了巨大变化。

明代以后，由于制茶工艺的革新，团茶、饼茶已较多改为散茶，烹茶方法由原来的煎煮为主逐渐向冲泡为主发展。茶叶冲以开水，然后细品缓啜，清正、袭人的茶香，甘洌、酽醇的茶味以及清澈的茶汤，更能领略茶之天然色香味品性。

此后，品茶方法日臻完善而讲究。茶壶、茶杯要先用开水洗涤，干布擦干，茶渣先倒掉，再斟。器皿也“以紫砂为上，盖不夺香，又无熟汤气”。

二、饮茶方式的演变

在数千年的饮茶历史上，饮用方法是经过多次改良变革的。茶最早作为羹饮，茶叶何时成为真正的饮料，目前还没有确切的史料记载，但是至少到了东汉末年和三国时期，茶叶就已经作为饮料饮用。

如三国时魏国张辑的《广雅》记载：“荆巴间采叶做饼，叶老者，饼成以米膏出之。欲煮茗饮，先炙令赤色，捣末，置瓷器中，以汤浇覆之，用葱、姜、橘子芼（掺和之意）之。其饮醒酒，令人不眠。”已经明确指出茶叶是作为醒酒的饮料饮用的。

“（孙）皓每飨宴，……座席无能否率以七升为限，虽不悉人口，皆浇灌取尽。曜素饮酒不过二升，初见礼异时，或密赐茶荈以当酒。”（三国志 · 吴志 · 韦曜传）既然是以茶代酒，说明当时茶已成为单纯的饮料了。

从上述《广雅》记载中之“欲煮茗饮”看来，说明当时饮茶的方法是“煮”，是将“采叶作饼”的饼茶，烤炙之后捣成粉末，加入葱、姜、橘子等调料，再放到锅里烹煮。

这种方法一直延续到唐代，只是更加讲究。宋代以后又有许多变化。大体说来，我国的饮茶方式先后经过烹茶、点茶、泡茶以及袋泡茶等新形式等几个阶段。

（一）烹茶（唐代）

烹茶即煮茶，也称煎茶。

根据陆羽《茶经》的记载，唐朝的茶叶生产过程是“晴，采之，蒸之，捣之，拍之，焙之，穿之，封之，茶之干矣”。即在晴天将茶叶采下，先放在甑壶中蒸一下，然后将蒸软的茶叶用杵臼成茶末，放在铁制的模中拍压成团饼，将茶饼穿起来，进行烘焙，最后封存。

饮用时，先要将饼茶放在火上烤炙，去掉水分，然后用茶碾将茶饼碾碎成粉末状，再用筛子筛成细末，放到开水中去煮。煮时，水刚开，水面出现细小的水珠像鱼眼一样，并“微有声”，称为一沸。此时加入一些盐到水中调味。当锅边水泡如涌泉连珠时，为二沸，这时要用瓢舀出一瓢开水备用，以竹夹在锅中心搅打，然后将茶末从中心倒进去。稍后锅中的茶水“腾波鼓浪”“势若奔涛溅沫”，称为三沸，此时要将刚才舀出来的那瓢水再倒进锅里，一锅茶汤就算煮好了。如果再继续烹煮，陆羽认为“水老不可食也”。最后，将煮好的茶汤舀进碗里饮用。

“凡煮水一升，用末（茶末）方寸匕，若好薄者减，嗜浓者增”“凡煮水一升，酌分五碗，趁热连饮之。”前三碗味道较好，后两碗较差。五碗之外，“非渴其莫之饮”。

上面介绍的是陆羽所提倡的在当时社会上较盛行的饮茶方法。其实在民间还保留着其他饮茶方法。

《茶经·六之饮》指出：“饮有粗茶、散茶、末茶、饼茶者。”因存在不同种类的茶叶，其饮用方法自然也就不同。陆羽所提倡的是饼茶的饮用方法。

另有一种方法是“乃斫、乃熬、乃炀、乃舂，贮於瓶缶之中，以汤沃焉，谓之痷茶”。即将饼茶舂成粉末放在茶瓶中，再用开水冲泡，而不用烹煮，这是末茶的饮用方法。

还有一种方法是“或用葱、姜、枣、橘皮、茱萸、薄荷之等，煮之百沸，或扬令滑，或煮去沫，斯沟渠间弃水耳，而习俗不已”。被陆羽视为沟间废水的这种饮茶法，就是《广雅》所记述的荆巴地区的煮茗方法，从三国到唐代数百年间一直在民间流传着。

这是从古代以茶作为菜羹到以茶作为单纯的饮料之间的过渡形态，即古代以茶为菜羹时，可能也是和一些作料放在一起煮，并且既然作为菜食，一定也会加盐才好下饭。后来不再做菜食，而是煮成茶汤作为饮料，但还是和一些作料一起熬煮，以减轻茶叶的苦涩，保持原有的口味。也许正是这个原因，尽管陆羽反对用葱、姜、橘皮等来煮茶，但却保留加盐的做法，因为自古以来茶汤的味道就是带有咸味的。由于不加其他作料，茶的真味容易显现，日益为饮茶者所追求，到了宋代，就不再加盐了。

（二）点茶（宋代）

到了宋代，烹茶法已被淘汰，盛行点茶法。点茶法是在唐代庵茶法的基础上发展而成的。根据宋代蔡襄的《茶录》记载，宋代的点茶主要特点是：先将饼茶烤炙，再敲碎碾成细末，用茶罗将茶末筛细，“罗细则茶浮，罗粗则末浮。”“钞茶一钱匕，先注汤调令极匀。又添注入，环回击拂，汤上盏可四分则止。视其面色鲜白，著盏无水痕为绝佳。”即将筛过的茶末放入茶盏中，注入少量开水，搅拌得很均匀，再注入开水，用一种竹制的茶筅（类似小竹刷子）反复击打，使之产生泡沫（称为汤花），达到茶盏边壁不留水痕者为最佳状态。

点茶法和唐代的烹茶法最大的不同之处就是不再将茶末放到锅里去煮，而是放在茶盏里，用瓷瓶烧开水注入，再加以击拂，产生泡沫后再饮用，也不添加食盐，保持茶叶的真味。

点茶法从宋代开始传入日本，流传至今。现在日本茶道中的抹茶道采用的就是点茶法。点茶法也是宋代斗茶时所采用的方法。斗茶实际上就是茶艺比赛，通常是二三人或三五知己聚在一起，煎水点茶，互相评审，看谁的点茶技艺更高明，点出的茶色、香、味都比别人更佳。

还有两条具体标准，一是斗色，看茶汤表面的色泽和均匀程度，鲜白者为胜。二是斗水痕，看茶盏内的汤花与盏内壁相接处有无水痕，水痕少者为胜。斗茶时所使用的茶盏是黑色的，它更容易衬托出茶汤的白色，茶盏上是否附有水痕也更容易看出来。因此，当时福建生产的黑釉茶盏最受欢迎。

（三）泡茶（明代）

明清时期，由于废除了饼茶进贡，社会上盛行炒青的条形散茶，因此不再将茶叶碾成粉末，而是直接抓一撮茶叶放入茶壶或茶杯用开水沏泡，即可饮用。这种方法也称为撮泡法，不仅简便，而且保留了茶叶的清香味，受到讲究品茶情趣的文人们的欢迎。这是我国饮茶史上的一次革命，直到今天仍为广大群众所沿用。

最典型的撮泡法是形成于明代完善于清代至今仍盛行于闽、粤、台沿海一带的“工夫茶”。工夫茶是乌龙茶特有的泡茶方式，在整个冲泡过程中呈现出浓浓的艺术韵味，是中国传统茶艺宝库中的一颗明珠。据清代寄泉撰写的《蝶阶外史》中关于工夫茶的记载，其具体冲泡程式如下：

壶皆宜兴砂质。龚春、时大彬不一式。每茶一壶，需炉铫三候汤：初沸蟹眼，再沸鱼眼，至连珠沸则熟矣。水生汤嫩，过熟汤老，恰到好处颇不易。故谓天上一轮好月，人间中火候一瓯，好茶亦关缘法，不可幸致也。

第一铫水熟，注空壶中，荡之泼去；第二铫水已熟，预用器置茗叶，分两若干，立下壶中，注水，覆以盖，置壶铜盘内；第三铫水又熟，从壶预灌之周四面，则茶香发矣。

由上可知，工夫茶使用的茶具是十分考究的宜兴紫砂，有钱人泡茶还要使用龚春、时大彬等名家制作的紫砂壶。水烧开后，先要注入空壶荡一荡再倒去，以提高壶温

（类似今天福建工夫茶艺的“孟臣淋霖”）。然后放入茶叶，注水，盖上壶盖，将茶壶放在铜盘里，再用开水从壶顶浇淋壶之四周，以发茶香（类似今天福建工夫茶艺的“重洗仙颜”）。喝茶时，每人一小杯，“含其涓滴咀嚼而玩味之。”即慢慢品味欣赏，若一口就喝光，被视为牛饮，不懂得品尝工夫茶，甚至要被人赶出门外。这说明此时的品茶十分重视沏泡技巧和追求艺术韵味，这是达官贵人和知识分子的雅趣。至于普通老百姓为了解渴而泡茶，自然没有必要这么讲究，只要将茶叶放进壶里和杯中，冲入开水，稍停片刻即可饮用。这是最简单的撮泡法。从茶叶冲泡方式的演变历史角度来看，它和工夫茶的冲泡法在本质上是一致的，或者更确切地说，它是工夫茶赖以产生的基础。

（四）袋泡茶等新形式

随着科学技术的进步、工业的发达，人们生活节奏加快，传统的茶叶产品和饮用方式已不能完全满足人们的需要，在一些青少年当中，甚至对传统的撮泡法也嫌麻烦，追求快速、简便、易于操作和携带的茶叶产品及其饮茶方式。于是出现了袋泡茶、速溶茶、浓缩茶和罐装饮料茶等新产品。

袋泡茶是将茶叶加工成碎末装在纸袋中，放在茶杯中用开水浸泡，喝完茶水后将纸袋中的茶渣连袋丢弃，比较方便，也比较简单。

速溶茶则是利用现代科学技术，以各种成品茶叶为原料，用热水萃取茶叶中的水可溶物，过滤弃去茶渣，获得茶汤，经浓缩、干燥制成固态的速溶茶，饮用时直接将它放在开水中溶化即可，不需要再倒茶渣。也可不经干燥阶段直接制成液态的浓缩茶，兑水即可饮用，或者直接将茶汤装入瓶、罐制成液态的罐装茶饮料，即开即饮，非常方便。

罐装茶饮料是工业化的产品，科技含量较高，与传统手工产品形态的茶叶有质的区别，在日本和欧美迅速发展，在我国也日益受到消费者的欢迎，它有着广阔的前景，也必将对传统的饮茶方式产生冲击。在未来的日子里，罐装茶饮料将成为大众化的饮料，它即开即饮，特别适合人们快节奏生活的需要。可以说，这是饮茶史上自明代废除饼茶改散茶冲泡以来的又一次革命，具有重大的历史意义。当然，在人们的家庭生活中，细品热茶、把壶赏玩的传统饮茶方式仍不会消亡，在新兴的茶艺馆中依然会得到保留和弘扬。

【扩展阅读】

陆羽与《茶经》

陆羽（733—804），字鸿渐（一名疾，字季疵），自号桑苎翁，又号竟陵子，湖北竟陵人。宋代欧阳修撰写的《新唐书·隐逸·陆羽传》记载：陆羽为弃儿，由龙盖寺智积禅师收养。唐代寺院多植茶树，故陆羽自幼熟练茶树种植、制茶、烹茶之道，年幼时已是茶艺高手。陆羽 12 岁时离开寺院，浪迹江湖。天宝五年（公元 746 年），陆羽得识竟陵太守李齐物，开始研习诗书。后又与礼部员外郎崔国辅结为忘年之交，而崔国辅与杜甫友善，长于五言古诗，陆羽受其指授，学问大进。陆羽 22 岁时告别家乡，云游天下，结交四方挚友，立志茶学的研究生涯。

公元 755 年，陆羽住乌程苕溪（今湖州），结识了许多著名文人，如大书法家颜真卿、诗僧皎然，以及诗人孟郊、皇甫冉等。多年的云游生活使他积累了大量的有关各地茶的资料，江南清丽宜雅的水村山郭，友人的倾力支援，给他带来了著书立说的激情。公元 763 年，即陆羽 28 岁时，人类历史上关于茶的第一部专著——《茶经》诞生了。

《茶经》对茶的起源传说、历史记载，采摘、加工、烹煮、品饮之法，水质、茶器，以及与之紧密相关的文化习俗等内容皆做了系统全面的总结，从而使茶学升华为一门全新的、自然与人文紧密结合的崭新学科。《茶经》的诞生，标志着中国茶文化步入成熟时期。

（资料来源：唐存才. 茶与茶艺鉴赏［M］. 上海：上海科学技术出版社，2004.）

【思考题】

1. 茶文化具有什么特点？
2. 茶文化具有哪些社会功能？
3. 中国茶在国内传播的时间、路径图是怎么样的？
4. 简述唐朝茶文化得以兴盛的原因。

第二章 茶叶基础概论

■知识目标

➢了解茶树的形态特征及生长环境。

➢掌握基本茶类及其品质特征。

➢了解制茶工艺的发展历史，掌握茶叶的制作过程。

➢掌握中国十大名茶产地及其品质特点。

■知识重点

➢六大茶类的制作工艺及品质特征

➢中国十大名茶产地及其品质特点

■课程思政要点

制茶中的工匠精神。工匠精神首先体现在对原料的精心挑选上，在制茶的各个环节，工匠们更是一丝不苟。从采摘后的摊晾、杀青、揉捻到干燥，每一个步骤都需要精准地掌握和耐心操作。制茶中的工匠精神还体现在对细节的极致追求上。每一个环节都要做到尽善尽美，从茶叶的形状、色泽到香气、口感，都要经过反复品尝和调整。制茶师们会用敏锐的感官去感受茶叶的细微变化，不断地改进工艺，力求制作出最完美的茶叶。

此外，工匠精神也意味着传承与创新。制茶师们在继承传统工艺的基础上，不断探索新的技术和方法，以适应时代的发展和消费者的需求。他们会与科研人员合作，研究茶叶的化学成分和功效，开发出更健康、更美味的茶产品。同时，他们也会将现代的设计理念融入茶叶的包装和营销中，让古老的茶文化焕发出新的活力。

第一节 茶树基础知识

什么是茶？茶圣陆羽在《茶经》中说：茶者，南方之嘉木也。一尺，二尺，乃至数十尺。其巴山峡川有两人合抱者，伐而掇之。茶，山茶科常绿灌木或乔木，产于我国中部至南部，嫩叶可加工成饮料。茶因其独特的功效，又被称为瑞草、仙草、灵草等，古诗文中较为常见。学习茶艺，认识茶叶，首先要从了解茶树开始。

一、茶树的形态特征

学习茶艺，首先要了解和研究茶树的生物特征，掌握其形态、生命活动规律及与生态环境的关系等。只有这样，才能在学习和运用茶的过程中，准确、自如。

（一）茶树的外形

在无人为控制的情况下，根据茶树地上部分茶枝性状的差异，植株可分为乔木型、灌木型和小乔木型三种。

1. 乔木型茶树

乔木型茶树有明显的主干，分枝部位高，通常树高 3~5 米。

2. 灌木型茶树

灌木型茶树没有明显的主干，分枝较密，多近地面处，树冠矮小，通常为 1.5~3 米。

3. 小乔木型茶树

小乔木型茶树在树高和分枝上都介于灌木型茶树与乔木型茶树之间。茶树的树冠形状，由于分枝角度、密度的不同，分为直立状、半直立状、披张状三种。

目前，为了茶叶的优质和高产，科学地培养植株和树冠，已是人工栽培茶园栽培管理上的重要环节。运用修剪和采摘技术，可培养健壮均匀的主干，扩大分枝的密度和树冠的幅度，增加采摘面，控制茶树适中的高度等，有效地提高了产量和质量，方便了采摘和管理。

（二）茶树的外部器官结构

1. 根

茶树的根由主根、侧根、细根、根毛组成，为轴状根系。主根由种子的胚根发育而成，在垂直向土壤下生长的过程中，分生出侧根和细根，细根上生出根毛。主根和侧根构成根系的骨干，寿命较长，起固定、输导、贮藏等作用。细根和根毛统称吸收根，寿命较短，不断更新。

2. 茎

茶树的茎，根据其作用分主干、主轴、骨干枝、细枝。分枝以下的部分称为主干，分枝以上的部分称为主轴。主干是区别茶树类型的重要依据之一。

在茶树的茎上有叶和芽。生叶的地方叫节，两叶之间的一段叫节间，叶脱落后留有叶痕。芽又分叶芽和花芽，叶芽展开后形成的枝叶称新梢。新梢展叶后，分一芽一叶梢和一芽二叶梢，摘下后即制茶用的鲜叶原料。茶树的枝茎有很强的繁殖能力，将枝条剪下一段插入土中，在适宜的条件下即可生成新的植株。

3. 叶

茶树的叶片，是制作茶叶的原料，也是茶树呼吸、进行蒸发和光合作用的主要器官。茶树的叶由叶片和叶柄组成，没有托叶，属于不完全叶。在枝条上为单叶互生，着生的状态因品种而不同，有直立状、半直立状、水平状、下垂状四种。叶面有革质，较平滑，有光泽；叶背无革质，较粗糙，有气孔（是茶树交换体内外气体的通道）。茶树叶片的大小、色泽、厚度和形态，因品种、季节、树龄及农业技术措施等有显著差异。叶片形状有椭圆形、卵形、长椭圆形、倒卵形、圆形等，以椭圆形和卵形居多。成熟叶片的边缘上有锯齿，一般为16~32对；叶片的叶尖有急尖、渐尖、钝尖和圆尖之分，叶片的大小，长的可达20厘米，短的5厘米；宽的可达8厘米，窄的仅2厘米。

以成熟叶为例，茶树叶片的叶脉呈网状，有明显的主脉，由主脉分出侧脉，侧脉又分出细脉，侧脉与主脉呈45°左右的角度向叶缘延伸，到叶缘2/3处呈弧形向上弯曲，并与上一侧脉连接，组成一个闭合的网状输导系统，这是茶树叶片的重要特征之一。

茶树叶片上的茸毛，即一般常指的毫，也是它的主要特征。茶树的嫩叶背面生有茸毛，是鲜叶细嫩、品质优良的标志，茸毛越多，表示叶片越嫩。一般从嫩芽、幼叶到嫩叶，茸毛逐渐减少，到第四叶叶片成熟时，茸毛便已不见了。

4. 花

花是茶树的生殖器官之一。茶花可分为花托、花萼、花瓣、雄蕊、雌蕊五个部分，属于完全花。茶花为两性花，多为白色，少数呈淡黄或粉红色，稍微有些芳香。茶花由授粉至果实成熟，大约需一年零四个月。其间仍不断产生新的花芽，继续开花、授粉，产生新的果实，这也是茶树的一大特征。

5. 果实与种子

茶树的果实是茶树进行繁殖的主要器官。果实包括果壳、种子两部分，属于植物学中的宿萼蒴果类型。茶树种子多为棕褐色，也有少数呈黑色或黑褐色，大小因品种而异，结构可分为外种皮、内种皮与种胚三部分。外壳硬脆，呈棕褐色的茶料质量较高，在正常采收和保管下，发芽率在85%左右。

二、茶树的生长环境

茶树在生长过程中不断地和周围环境进行物质和能量的交换，既受环境制约，又影响周围环境。茶树的生长环境是决定茶叶品质优良与否的重要因素。

1. 气候

茶树性喜温暖、湿润，在南纬45°与北纬38°之间都可以种植，最适宜的生长温度为18~25℃，不同品种对于温度的适应性有所差别。茶树生长需要年降水量在1 500毫米左右，且分布均匀，早晚有雾。相对湿度保持在85%左右的地区，较有利于茶芽发育及确保茶青品质。若长期干旱或湿度过高均不适于茶树的生长栽培。

2. 日照

茶作为叶用作物，极需要日光。日照时间长、光度强时，茶树生长迅速，发育健全，不易罹患病虫害，且叶中多酚类化合物含量增加，适于制作红茶；反之，茶叶受日光照射少，则茶质薄，不易硬化，叶色富有光泽，叶绿质细，多酚类化合物少，适于制作绿茶。光带中的紫外线对于提高茶汤的水色及香气有一定影响。高山所受紫外线的辐射较平地多，且气温低，霜日多，植物生长期短，所以高山茶树矮小，叶片亦小，茸毛发达，叶片中含氮化合物和芳香物质增加，故高山茶香气优于平地茶。

3. 土壤

茶树适宜在土质疏松、土层深厚、排水及透气良好的微酸性土壤中生长。虽在不同种类的土壤中都可生长，但酸碱度（pH）以4.5~5.5为最佳。茶树要求土层深厚，最好有一米以上，其根系才能发育和发展，若有黏土层、硬壤层或地下水位高，都不适宜种茶。土壤中石砾含量不超过10%，且含有丰富的有机质是较理想的茶园土壤。

第二节　茶叶制作工艺及分类

一、茶叶的生产与制作

（一）制茶工艺的发展历史

中国制茶的历史悠久。各种茶类品质特征的形成，除了受茶树品种和鲜叶原料的影响外，加工条件和制造方法也是重要的决定因素。在没有发明用火烤煮食物之前，茶只能是咀嚼鲜叶，这种最原始的利用方法进一步发展的结果，便是生煮羹饮，生煮类似现代生活的煮菜汤。后来人们将茶叶晒干收藏，可随时取作祭品或作药用和饮用，进一步发展的结果便是采叶作饼。

中唐以后，采叶做饼茶的制茶工艺得以逐步完善，对制茶工艺进行系统总结记载的便是陆羽所撰写的《茶经》。唐朝时，茶叶制造是以蒸青团饼茶为主，即茶叶采摘后，先放在甑釜中蒸一下，然后将蒸好的茶叶用杵臼捣碎，再把捣碎的茶末放在铁制的规承（模）中，拍压制成团饼，将茶饼穿起来烘焙至干，封存。

到了宋朝，制茶技术发展很快，而且由于贡茶制度的形成，团饼茶的制作力求精益求精，饰面花纹出现龙凤之类，龙凤团饼由此逐步产生。宋朝团饼茶称片茶，其制造工艺较唐朝有了改进。宋朝时，除团饼茶（片茶）之外，还有散茶生产。散茶由蒸青后直接烘干呈松散状而得名。到宋朝后期，散茶得到进一步发展，有取代团饼茶之势。

元代制茶逐渐发展为以制造散茶、末茶为主。

到了明代，团饼茶逐渐被淘汰，采摘细嫩芽叶制造散茶已是大势所趋。因制造团饼茶费工耗时，且经水浸、榨汁有损茶叶香味，故散茶逐渐被人们所接受。正式废团饼茶兴叶茶，促成这一变革的重要人物是明太祖朱元璋，他于洪武二十四年（1391年）下了一道诏令“罢造龙团，惟采茶芽以进”，从此，停止制造团饼茶，蒸青散茶叶大为盛行。

（二）影响茶叶品质的主要因素

千姿百态的茶叶，其色、香、味、形的本质是以多种化学物质作为基础的，物质的含量及其组成比例影响着各种茶的品质。

1. 茶叶色、香、味、形的由来

对茶叶的质量而言，除了必须符合卫生标准外，它的色、香、味、形就成为评估茶叶品质的基础。各种茶类各有其特征，并有与其特征相应的色、香、味、形的质量要求。茶叶的色、香、味、形，表现为各种茶类的特有品质，同时又由于其色泽悦目，香气诱人，滋味爽口，饮后在感官上也能享受到愉悦。正如范仲淹在《和章岷从事斗茶歌》中所描述的那样：斗茶味兮轻醍醐，斗茶香兮薄兰芷。说明饮茶后感到其味胜醍醐，其香胜兰芷，享受到饮茶后味美香高的乐趣。在茶的色、香、味、形的感应下，人能够获得特殊的身心修炼与精神安慰。

当然，茶叶的色、香、味、形，是茶叶品质的综合反映，除了形依赖于物理作用外，色、香、味均以品质化学成分为基础。

（1）茶叶色泽的化学本质。

茶叶的色泽，包括茶叶的干茶色与汤色两个部分。茶叶的颜色，习惯上都是指干茶的色泽，但在茶叶品质的审评上，还包括泡茶以后留下来的叶底色泽。这些色泽的出现，都有其一定的物质基础，即形成各种颜色的茶叶化学成分。

茶叶中的有色物质很多：绿色的叶绿素，橙红色的类胡萝卜素，具有各种不同颜色的黄酮及酯类物质与花青素等。除此以外，还有鲜叶经过不同加工方式后所形成的各种茶类的特有颜色，如红茶、乌龙茶、白茶等。茶鲜叶经加工之后所呈现的颜色，有的来自有色物质，有的是从无色物质转化而成的。物质的转化过程非常复杂。同是一片鲜叶，由于加工方法不同，可以制成各种茶类，通过加工过程中的化学变化与物理变化，各种茶类表现出应有的特色。茶叶中的各类有色物质，都不是单一的一种化合物，而是一个组合。例如，类胡萝卜素，就包括α-胡萝卜素、β-胡萝卜素、γ-胡萝卜素、番茄红素、叶黄素、玉米黄素等。此外，因叶子的老嫩程度不同，其含量也有变化，一个组合中的各种成分，以及量与组成比的不同，反映出来的颜色更是深浅色泽不一。

鲜叶中的各种组成成分经热处理后有量的差异，固定下来的各种成分之间的比例不同，反映在主体叶绿素的颜色上，就产生了深浅不同的绿色：嫩绿、翠绿、黄绿及乌绿。绿茶的干茶色泽与其等级的确定有直接影响，总的标准是以绿色为中心。绿茶的绿色主要来源于叶绿素，而感官上的嫩润黄等感受，还与茶叶中所含的果胶物质与黄酮类物质的变化有关。

优质绿茶的茶汤色泽应该是清澈明亮的淡黄微绿色。这种颜色，主要是以黄酮甙类物质及原来无色的物质经轻度氧化形成的有色物质为主体。由于叶绿素属于非水溶性物质，故绿茶茶汤中的绿色成分是黄酮类物质（如牡荆甙等）。叶绿素是脂溶性物质，在绿茶茶汤中不能形成呈色的主体。科学研究证明，叶绿素在绿茶茶汤中只有极微量的悬浮颗粒，不能形成真溶液。

红茶的干茶颜色看起来有乌润感，它不是什么正统的红色，之所以被命名为红茶，是因为茶汤的汤色。因此，红茶的外形色泽要求，即干茶颜色的品质标准，并不反映红的特征。而红茶的英文为 black tea，在字义上完全以外形乌黑色泽作为依据，并无红色的含义。

红茶的汤色要求红艳明亮，这种红色来自鲜叶中的茶多酚。红茶在制作工序中的发酵过程，实际上是一种氧化过程。鲜叶中的茶多酚经过这一氧化过程，将含量的30%~40%转化成红茶的特征色素，其氧化产物的主要成分是茶黄素、茶红素和茶褐素。若发酵技术掌握恰当，这三种主要红色成分比例协调，红茶汤色就可以呈现红艳明亮的状态，这是优质红茶的汤色。

乌龙茶属于半发酵茶，它的加工方法及采用的技术原理介于红茶与绿茶之间，干茶的色泽一般偏青褐色。乌龙茶的汤色呈黄红色，鲜叶中的茶多酚被氧化的量较少，因此茶黄素与茶红素的含量都较低，茶褐素很少。

（2）茶叶香气的化学本质。

茶叶香气由一些比较复杂的芳香物质所构成。不同芳香物质的种类及数量的综合，形成了各种茶类的香气特征。除了品种、季节因素的特殊原因外，鲜叶原料采用不同的加工方法，可形成各种不同香气。目前，虽然对多数芳香化合物相应的香气性质已有初步了解，但仍然难以用具体的芳香物质成分直接表明茶叶所特有的具体气味。

例如，具有嫩茶鲜爽清香香气性质的有顺-3-己烯醇与其他六碳醇类、六碳酸、反-2-六碳烯酸以及某些五碳醇类；具有铃兰类鲜爽花香的有沉香醇；具有蔷薇类柔和花香香气性质的有 2-苯基乙醇、牻牛儿醇（香叶醇）；具有茉莉、柚子类甜醇浓厚香气性质的有 β-紫萝酮与紫萝酮的衍生物、顺-茉莉酮、茉莉酮酸甲酯、橙花叔醇；具有果味香性质的有茉莉内酯及其他内酯类化合物、茶螺烯酮、其他紫萝酮类化合物；具有木质气味性质的有倍半萜烯等碳氢化合物、4-乙烯苯酚；具有烘炒香气性质的有反-2-顺-4-庚二烯、5-6-环氧-β-紫萝酮。这些各种各样的芳香物质，组成各种茶类的不同香味，其香型就反映了茶类的香气特征。

迄今为止，已分离鉴定的茶叶芳香物质约有700种，但其主要成分仅为数十种。它们有的是鲜叶、绿茶、红茶共有的，有的是各自独具的，有的是在鲜叶生长过程中合成的，有的则是在茶叶加工过程中形成的。例如，顺-3-己烯醛只存在于鲜叶，不存在于绿茶、红茶中；吡嗪类化合物在绿茶中的含量很高，但在红茶中则尚未发现；红茶中所含的酯类化合物有38种，但在绿茶中仅发现9种；内酯类化合物也有类似情况。

总体来说，茶鲜叶中含有的香气物质种类较少，大约80种，绿茶中有260多种，红茶则有400多种。芳香物质种类的组成与量的不同，形成了茶叶多种多样的香味特色。

（3）茶叶滋味的化学本质。

由于香气和滋味的关系非常密切，所以一般常用香味两个字来表示食品的香气。人们能感受到的茶叶滋味，是以茶叶化学成分的味阈值为基础，由味觉器官的反应形成的。茶叶中对味觉起主导作用的是茶多酚（包括儿茶素及各种多酚类物质）、氨基酸，起辅助作用的是咖啡因、还原糖等化合物。在红茶中，除茶多酚、氨基酸外，起特征作用的茶黄素与茶红素等与红茶滋味密切相关的物质，是儿茶素经氧化产生的。

酸、甜、咸、苦的味阈测定代表物，是蔗糖、盐酸、食盐与硫酸奎宁，它们的味阈值分为0.03摩尔/升、0.009摩尔/升、0.01摩尔/升、0.000 08摩尔/升，由此可见，味觉器官对苦味物质的反应灵敏度最高。茶叶的涩味是指茶汤中所含物质对口腔产生的带收敛性的刺激感受。茶叶中表现为涩味的是多酚类物质，一般多酚类物质在茶汤中占水浸出物的10%~40%。其中又以各类儿茶素物质构成了涩味的主体。严格来讲，涩味是人的口腔黏膜接触特定的物质后产生的物理性收缩反应，并不是单纯地由味觉感受细胞完成的感觉。茶叶中表现为苦味的物质主要是咖啡因、花青素和茶皂素等。咖啡因在茶叶的水浸出物中一般占4%左右。茶叶的苦味和涩味总是相伴的，二者的共同作用决定了茶叶的滋味刺激特性。茶叶中表现为鲜味的物质主要是各种游离的氨基酸及儿茶素、氨基酸与咖啡因形成的复杂化合物，一般氨基酸在茶汤中占水浸出物的3%左右。甜味主要由茶叶中的可溶性糖类物质和某些氨基酸形成。甜味不是茶叶的主要滋味，但能在一定程度上中和茶叶的苦涩味。此外，茶叶中所含的可溶性果酸（糖类中的一种）具有黏稠性，可提高茶汤的浓度，使茶味产生丰富和厚实的感受。酸味通常由茶汤中的有机酸、抗坏血酸（维生素C）、茶黄素和部分氨基酸等物质产生，正常的酸味也是茶汤滋味的调节因素之一。

（4）茶叶外形的形成。

各种茶叶的外形都是物理作用形成的。当然在物理作用过程中，不能排除一定的化学变化。茶叶的外形有条形、扁形、针形、圆形、片形、卷曲形等。鲜叶经过一定的加工过程后，辅以成形的技术措施，并通过干燥使形固定下来，形成一定的茶类特征。在定形干燥过程中，茶叶的色泽也会发生一定的变化，如绿茶绿色的深浅、红茶色泽的乌润与否等。这虽对茶类的形状特征没有直接影响，但对感官心理因素及滋味品质的评定会有较大的影响，所以茶叶在加工过程中，应该十分注意外形色泽。如白茶的外形，由于加工方法自成体系，形状基本保持鲜叶的原有完整片状，其叶色由于水分的散失而变成深绿色，茸毛显露而形成白色层，这是该类茶外形的特征，与其他各种茶类彻底改变原有鲜叶的形状，毫无共同之处。由于白茶外形之美，故又被称为白牡丹。

以上所述的呈色、呈香、呈味物质的变化，除了加工技术条件外，由于鲜叶原料的茶树品种、茶园生态、肥培管理、采摘标准、采收季节等的不同，也会产生一定的差异。

2. 不同季节茶的品质特点

茶叶的品质与天气息息相关，一年四季气候变化不定，采收制作出的茶叶自然各有异同。这是茶树体内新陈代谢在合成茶叶品质的生化过程中，受到外界条件变化影响的结果。不同季节茶的品质特点，主要反映在氨基酸与儿茶素的关系上。

（1）春茶（三月中旬至五月上旬采收）。

每年十二月至翌年清明节前，是春茶生长的季节。茶树在冬季生长速度缓慢，自春天起才开始萌发新芽。经过冬季的休息，入春后雨量充沛，温度适中，春茶的芽叶肥壮，色泽翠绿，叶片质地柔软，滋味清新，香气浓烈。春茶的干茶条索紧结，香气浓，芽叶与茶梗肥壮厚实，偶尔会夹杂如绿豆大小的幼果。冲泡时因为条索厚重，春茶的下沉速度较快，香气持久，滋味甘醇。茶汤清澈明亮，叶底柔软厚实，芽叶较多，叶脉细密，叶缘的锯齿形状不明显。

（2）夏茶（五月中旬至六月下旬及七月上旬至八月中旬采收）。

夏茶的生长季是一年中最为炎热的阶段，芽叶生长迅速，能溶解于茶汤中的溶出物质相对减少，茶叶香气不如春茶强烈，茶汤滋味不如春茶新鲜爽口，而且苦涩的成分增加。但由于夏茶的儿茶素与咖啡因含量较多，因此适合制白毫乌龙，其滋味强烈，颜色浓艳。在外形上，夏茶的条索松散，茶叶轻飘蓬松，茶梗瘦长，芽尖常带有茸毛。因为重量轻，冲泡时茶叶下沉速度较慢，香气难以提升，滋味苦涩，叶底薄而硬，顶芽较不明显，对开叶相对增加、叶脉较粗，叶缘的锯齿形状清晰可见。

（3）秋茶（九月上旬至十月下旬采收）。

秋茶的品质介于春茶与夏茶之间。茶树经过春夏两季的采摘后，茶芽内所含成分相对降低，茶叶的香气、滋味较为平和。干茶叶大小不一，叶片轻薄瘦小，偶尔夹杂些许茶苞在条索中，香气平淡。冲泡后的茶汤虽不如夏茶苦涩，但仍带有些微涩味，滋味淡薄，叶底展开后大小不一，对开叶多，叶缘锯齿形状明显。

（4）冬茶（十月下旬至十一月下旬采收）。

冬茶与春茶是一年中品质最好的两季茶。春茶的浓厚犹如杨贵妃的婀娜；冬茶的清香则如赵飞燕的轻盈，冬茶的水色与香味较春茶清淡，但香气细腻，苦涩感较低，这是冬茶的一大优点。茶叶的外观颜色为淡绿色，粗茶杂质较多，整体颜色不均匀，但精制过的成品可避免该问题。冬茶的滋味虽不如春茶浓郁，却较为柔顺。

3. 茶叶的制作

茶树上长着的叶子叫作生叶；从茶树上采下来的叶子叫鲜叶，也叫茶青。茶青摘下来之后，首先要让它失去一些水分，这一工序被称为萎凋。

炒茶的工艺较复杂。从茶树采下来的鲜叶，静置多长时间开始炒，是茶叶制作的关键，根据这一制作程序的不同，可将茶叶分为三大系列，即不发酵茶、半发酵茶和全发酵茶。

鲜叶经炒制干燥后制成的茶叶，称不发酵茶。由于不发酵而少有改变鲜叶的颜色，所以是绿茶。

鲜叶静置一定时间后再炒制干燥的茶叶，称为半发酵茶，或部分发酵茶。这类茶叶是最复杂的，由静置时间的长短不同而有不同程度的变化，发酵程度从发酵 10% 到 70% 都有。例如，台湾文山包种茶发酵约 15%，冻顶茶发酵约 25%，木栅铁观音茶发酵约 40%，乌龙茶发酵 60%~70%。这类茶因为属于部分发酵，所有干茶均呈现青色，发酵程度越高青色越深，甚至转为青褐色。总的来说，呈现的颜色是青蛙皮的颜色，因此称为青茶。

如果将鲜叶静置让它完全渥红，即全发酵茶，做出来的干茶呈暗红色，也就是红茶。

白茶是因为有一些茶树品种较为特别（如福鼎大白茶种），它的芽尖白毫较多，采下经特殊工艺制作后仍能保存白毫而不脱落，茶呈现银白色，所以称白茶。

黄茶是在制造绿茶的过程中，加一道闷黄的工序从而使茶叶呈现出黄色。

黑茶则是一种后发酵茶，即将制成的茶叶经过堆积再发酵，使颜色呈黑色，因此称为黑茶。茶叶的不同是源于制造方法的不同。原则上，从任何一种茶树上摘下来的鲜叶，都可用叶，是有它的适制性的。当然，不同的制造方法，可以制成各类成品茶叶，只是某一品种的茶树最适合制成某一种茶而已。

二、茶叶的分类

中国人在几千年对茶的利用过程中，逐步对茶叶加工工艺加以改良和完善，使茶叶种类不断发展和丰富。茶学界在各种茶类制法的基础上结合其品质特征，将中国茶叶分为基本茶类和再加工茶类两大部分。

（一）基本茶类

按照初加工工艺的不同，以及加工中茶叶多酚类物质的氧化聚合程度的不同，可将茶叶分为六大基本类型，即绿茶、红茶、乌龙茶（青茶）、黄茶、白茶、黑茶。

绿茶是我国产量最多的一类茶叶，全国20多个产茶省（区、市）都产绿茶。我国绿茶花色品种之多居世界首位，每年出口数万吨，占世界茶叶市场绿茶贸易的70%。

1. 绿茶

绿茶的绿色由叶绿素决定。鲜叶经热处理后，叶中所含活性物质受热而被破坏，活性被抑制，阻止了各种化学成分由活性物质的催化而引起的变化，使叶绿素在鲜叶中固定下来，这样制成的茶就称为绿茶。其淡黄微绿的色泽主要是黄酮类物质及轻度氧化形成的有色物质。叶绿素是脂溶物质，在茶汤中只有少量悬浮颗粒，不形成真溶液。

按初制加工过程的杀青和干燥方式不同，绿茶可分为蒸青绿茶、炒青绿茶、烘青绿茶、晒青绿茶。绿茶的基本制作工艺为杀青、揉捻、干燥。

（1）蒸青绿茶。

这是唐宋时盛行的制法。

用蒸汽杀青制作而成的绿茶称为蒸青绿茶，是我国古代最早发明的一种茶类，如玉露、煎茶等。基本工艺是：蒸青、冷却、粗揉、中揉、精揉、烘干。用蒸青机，通过100℃的蒸汽，使鲜叶的叶温在30秒内达到95℃以上，鲜叶中的酶活性迅速受热钝化，从而固定了蒸青叶的绿色。特点是：三绿（干茶绿、汤色绿、叶底绿），香清味醇（据考：南宋咸淳年间，日本高僧大忒禅师到浙江径山寺研究佛法，当时径山寺盛行围坐品茶研讨佛经，常举行茶宴，饮的是经蒸碾焙干研成末的抹茶，茶叶清醇。大忒禅师回国后，将径山寺茶宴和抹茶制法传至日本，启发了日本的茶道）。

（2）炒青绿茶。

炒青绿茶产生于明代。

炒青绿茶因干燥方式采用炒干而得名。按外形形状，炒青绿茶可分为眉茶（长炒青）、珠茶（圆炒青）、扁炒青（细嫩炒青）三类。

（3）烘青绿茶。

烘青绿茶主产于安徽、福建、浙江三省。高档烘青绿茶可直接饮用，其余大部分用来窨制花茶。烘青绿茶的特点是外形完整、稍弯曲、锋苗显，干茶墨绿，香清味醇，汤色、叶底黄绿明亮。

（4）晒青绿茶。

晒青绿茶代表性的名茶有滇青绿茶，主产于四川、云南、广西、湖北和陕西，是压制紧压茶的原料，最后一道工序是晒干。

绿茶的品质特征：香高味醇，清汤绿叶，汤色清澈明亮，呈淡黄微绿色。滋味讲究高醇。绿茶以春茶最好，夏茶最差。

2. 红茶

红茶为全发酵茶。在制茶过程中，以日晒代替杀青，揉后叶色变红就形成了红茶。

最早出现的红茶是清代创制于福建崇安的小种红茶。在国际市场上，红茶贸易量占世界茶叶总贸易量的90%以上。根据红茶的外形形状，红茶可分为条红茶（小种红茶、工夫红茶）和红碎茶（叶茶、碎茶、片茶和末茶）。

红茶的基本制作工艺为萎凋、揉捻、发酵、干燥。

条红茶主产于福建、安徽、云南、江西。条红茶具有条索紧细，匀齐清秀，色泽乌润，香气馥郁，滋味醇厚甘甜，汤色、叶底红艳、明亮的品质特点。松烟小种有特殊松烟味。红碎茶主产于云南、海南、广东、广西、四川、贵州。产地不同，滋味各异。

红茶的品质特征：汤色红艳、明亮，香气浓郁带甜，滋味浓郁鲜爽，红汤红叶。茶叶中原本无色的多酚类物质，在多酚氧化酶的催化作用下氧化，形成红色氧化聚合物——红茶色素，形成了红茶、红汤、红叶的鲜明特点。

3. 乌龙茶（青茶）

乌龙茶（青茶）为半发酵茶，是介于绿茶（不发酵）与红茶（全发酵）之间的一类茶叶。其冲泡后有一股如梅似兰的幽香，无红茶之涩、绿茶之苦。乌龙茶出现在清代初年，创制地点在福建。

乌龙茶的基本制作工艺为晒青、晾青、摇青、杀青、揉捻和干燥。

乌龙茶又可分为闽北乌龙、闽南乌龙、广东乌龙、台湾乌龙等几种类型。

（1）闽北乌龙。闽北乌龙主产于福建北部武夷山一带。代表性的名茶有水仙、大红袍等。

（2）闽南乌龙。闽南是乌龙茶的发源地。铁观音、黄金桂等产于这一带。

（3）广东乌龙。广东乌龙主要产于广东潮州、饶平一带。如凤凰单枞等。

（4）台湾乌龙。台湾乌龙主产于台湾。因发酵程度和制作工艺不同，分乌龙和包种两类。冻顶乌龙在台湾的名气很大，近年金萱、翠玉等包种茶发展势头也很好。

乌龙茶的品质特征：汤色黄红，香气浓醇而馥郁，滋味醇厚，鲜爽回甘，叶底边缘呈红褐色，中间部分呈淡绿色，形成奇特的绿叶红镶边。乌龙茶性和不寒，久藏不坏，香久益清，味久益醇，且滋味醇厚回甘，有独特的喉韵，即似嚼之有物。

4. 黄茶

黄茶属微发酵茶类。黄茶最早出现在明代，在炒制绿茶过程中由于技术失误，或杀青时间过长，或杀青后没及时摊晾，或揉捻后未及时烘干、炒干，堆积过久，使叶子变黄，产生黄汤黄叶，这样就出现了茶的另一个品类——黄茶。

黄茶的基本制作工艺为杀青、揉捻、闷黄、干燥。其中，闷黄是形成黄茶品质的关键。闷黄分湿坯闷黄和干坯闷黄。湿坯闷黄是将杀青叶或经热揉后的揉捻叶进行堆闷，需7个小时。干坯闷黄是初烘后再进行装篮闷黄，需7天左右。

黄茶依原料芽叶的嫩度和大小可分为黄大茶、黄小茶和黄芽茶。

（1）黄大茶。黄大茶主要包括产于安徽霍山的霍山黄大茶和广东韶关、肇庆、湛江的广东大叶青。

（2）黄小茶。黄小茶主要有湖南岳阳的北港毛尖，湖南宁乡的沩山毛尖，湖北远安的远安鹿苑，浙江温州、平阳一带的温州黄汤。

（3）黄芽茶。黄芽茶的原料细嫩，由采摘单芽或1芽1叶加工而成。黄芽茶主要有湖南岳阳洞庭山的君山银针，四川雅安的蒙顶黄芽，安徽霍山的霍山黄芽。

黄茶的品质特征：色黄、汤黄、叶底黄，滋味浓醇清爽，汤色橙黄明净，叶底嫩黄。

5. 白茶

白茶属微发酵茶。传说咸丰、光绪年间被茶农偶然发现。这种茶树嫩芽肥大、毫多，生晒制干，香、味俱佳。该茶主产于福建，台湾也有少量生产，主要销往东南亚和欧洲。

白茶的基本制作工艺为萎凋、晒干和烘干。

白茶因采制原料的不同，分为芽茶和叶茶两类。

（1）白芽类。白芽类白茶也称银针，主要代表是白毫银针。

（2）白叶类。白叶类白茶主要有白牡丹、贡眉、寿眉等。

白茶的品质特征是：茶芽完整，形态自然，白毫不脱，清淡回甘，香气清鲜，茶汤浅淡，滋味甘醇、毫香显露，汤色杏黄，持久耐泡。

6. 黑茶

黑茶属后发酵茶。黑茶产量较大，仅次于绿茶、红茶，以边销为主，又称为边销茶。黑茶的制作始于明代中期。黑茶的出现也具偶然性。在制作绿茶时，因叶量多，火温低，使叶色变为近似黑色的深褐绿色，或绿毛茶堆积后发酵，渥成黑色，于是便产生了黑茶。黑茶的原料一般较粗老，加之制造过程中往往堆积时间较长，因而叶色呈墨黑色或黑褐色。

黑茶的基本制作工艺为杀青、揉捻、渥堆、干燥。渥堆是决定黑茶品质风格的关键。黑茶因产地和工艺上的差别，有湖南黑茶、湖北老青茶、四川边茶、滇桂黑茶之分。黑茶压制的砖茶、饼茶、沱茶等紧压茶，是少数民族不可缺少的饮品，冲泡时最好在沸水中煮几分钟。

黑茶的品质特征：外形叶粗，梗多，干茶褐色，汤色棕红，香气纯正，滋味醇和，醇厚回甘，陈香馥郁。黑茶有解毒、治痢疾、除瘴、降血脂、减肥、抑菌、暖胃、醒酒、助消化等功效。

（二）再加工茶类

以基本茶类做原料进行再加工后制成的产品称再加工茶类，主要包括花茶、紧压茶、保健茶等。

1. 花茶

用茶叶和香花进行拼和窨制，使茶叶吸收花香而制成的香茶，称花茶。明代顾元庆在《茶谱》中有橙皮茶和莲花茶的记载。橙皮茶就是将橙皮切丝，将茶叶与其拌和后烘干。莲花茶是在太阳未出时，将茶叶放入莲花内，用麻绳略扎，一天一夜后将茶倒出烘干。但这都不是现代意义上的花茶，现代意义上的花茶创制于清朝顺康年间。据记载当时有一个闵姓徽州人，自娱自乐用兰花和茶叶放在一起窨制，取名兰花方片。经他的启发，后人竞相效仿，发展成了当今的一大茶类。

现在花茶的种类很多，有茉莉花茶、白兰花茶、玫瑰花茶、玳玳花茶、珠兰花茶、柚子花茶、桂花茶、栀子花茶、米兰花茶、树兰花茶等。

一般来讲，茉莉花茶以烘青绿茶为主要原料，也有用龙井、乌龙窨制的，称为花龙井、茉莉乌龙。玫瑰花大都用来窨制红茶。桂花窨制绿茶、红茶、乌龙茶效果都很好。品饮花茶主要是品香气的鲜灵度、香气的浓郁度、香气的纯度。

2. 紧压茶

各种散茶经加工蒸压成一定形状而制成的茶称紧压茶。紧压茶分为绿茶紧压茶、红茶紧压茶、乌龙紧压茶、黑茶紧压茶。三国时张揖撰写的《广雅》中有荆巴间采茶作饼的描写，是我国饼茶最早的记载。

紧压茶产区主要有湖南、湖北、四川、云南、贵州等地，主销新疆、内蒙古、甘肃等地，是少数民族不可缺少的饮品。紧压茶原料较为粗老，在干燥前或后要渥堆，渥堆时间长达数月。

压制时将茶叶蒸热，使之吸收水分，使原料软化，再装入模框内压制后退出模框进行烘干。模框是紧压茶定型的关键，有砖形、碗形、饼形等。不管紧压茶形状如何，都要外形光洁，棱角分明，不龟裂。香气醇和、无青涩味、陈香浓郁、汤色棕褐者为上品。

3. 保健茶

不以治疗疾病为目的的食品称为保健功能食品，保健茶是保健功能食品的重要组成部分。保健茶能调节人体机能，适用于特殊人群。

菊花、苦丁、玫瑰花等植物都不是茶，但人们习惯上把能够饮用的这些植物也称为茶。有些植物的根、茎、叶、花、果经过加工后可单独泡饮，也可调配一些茶叶泡饮。饮用保健茶能调节人体机能，起到保健的作用。

第三节　茶区的分布及代表名品

一、中国现代茶区分布

我国茶区是世界上最古老，同时分布范围又最广阔的。我国茶叶种植面积广阔、茶类齐全、名优品种之多可为世界之最。云南、贵州、四川、重庆、西藏、甘肃、浙江、江苏、湖南、湖北、安徽、陕西、河南、山东、江西、福建、广东、广西、海南、台湾等 20 多个省（区、市）的上千个县（市）产茶。茶区地跨中热带、边缘热带、南亚热带、中亚热带、北亚热带和暖热带。在垂直分布上，种植茶树最高的在海拔 2 600 米的高地上，而最低的海拔仅几十米。在不同地区，生长着不同类型和不同品种的茶树，从而决定着茶叶的品质及其适制性和适应性，形成一定的茶类结构。茶区属于经济概念，它的划分是在国家总的发展生产方针指导下，综合自然条件和经济、社会条件，注意行政区域的基本完整来考虑的。我国茶区的划分采取三个级别，即一级茶区，系全国性划分，用以宏观指导；二级茶区，系由各产茶省（区、市）划分，进行省（区、市）内生产指导；三级茶区，系由各地县划分，具体指导茶叶生产。

目前，国家一级茶区分为四个：西南茶区、华南茶区、江南茶区、江北茶区。

（一）西南茶区

西南茶区位于中国西南部，包括云南、贵州、四川、重庆及西藏东南部，是中国最古老的茶区。云贵高原为茶树原产地中心，地形复杂，有些同纬度地区海拔高低悬殊，气候差别很大，大部分地区属亚热带季风气候，冬不寒冷，夏不炎热。土壤状况也较为适合茶树生长，四川、贵州和西藏东南部以黄壤为主，有少量棕壤；云南主要为赤红壤和山地红壤。土壤有机质含量一般比其他茶区丰富。茶树品种资源丰富，主要生产红茶、绿茶、黄茶、黑茶和花茶等，是中国发展大叶种红碎茶的主要基地之一。

（二）华南茶区

华南茶区位于中国南部，包括广东、广西、福建、台湾、海南等省（区、市），为中国最适宜茶树生长的地区。有乔木、小乔木、灌木等各种类型的茶树品种，茶品种资源极为丰富，主要生产红茶、绿茶、青茶、白茶、黄茶、黑茶和花茶等。

除闽北、粤北和桂北等少数地区外，年平均气温为 19~22℃，最低月（一月）平均气温为 7~14℃，茶树年生长期 10 个月以上，年降水量是中国茶区之最，一般为 1 200~2 000 毫米，其中台湾地区雨量特别充沛，年降水量常超过 2 000 毫米。茶区土壤以砖红壤为主，部分地区也有红壤和黄壤分布，土层深厚，有机质含量丰富。

（三）江南茶区

江南茶区位于中国长江中下游南部，包括浙江、湖南、江西等省和安徽南部、江苏南部、湖北南部等地，为中国茶叶主要产区，年产量大约占全国总产量的 2/3。生产的主要茶类有绿茶、红茶、黄茶、黑茶、花茶等。有很多品质各异的特种名茶，如西湖龙井、黄山毛峰、洞庭碧螺春、君山银针、庐山云雾等。江南茶园主要分布在丘陵地带，少数在海拔较高的山区。这些地区气候四季分明，年平均气温为 15~18℃，冬季气温不低于-8℃。年降水量 1 400~1 600 毫米，春夏季雨水最多，占全年降水量的 60%~80%，秋季干旱。茶区土壤主要为红壤，部分为黄壤或棕壤，少数为冲积壤。

（四）江北茶区

江北茶区位于长江中下游的北部，包括河南、陕西、甘肃和山东等省和安徽北部、江苏北部。江北茶区土壤多属黄棕壤或棕壤，是中国南北土壤的过渡类型。江北茶区属于中国北部茶区，主要生产绿茶。茶区年平均气温为 15~16℃，冬季绝对最低气温为

-10℃左右。年降水量较少，为700~1 000毫米，且分布不均，常使茶树受旱。但少数山区，有良好的微域气候，故茶的质量亦不亚于其他茶区，如六安瓜片、信阳毛尖等。

二、中国名茶

中国茶学家陈椽说：名闻全国和蜚声海外的茶叶，都为名茶。原中国农业科学院茶叶研究所所长程启坤教授认为，名茶是指有一定知名度的好茶，通常具有独特的外形和优异的色香味品质。

（一）名茶的分类

1. 传统名茶

传统名茶又称历史名茶，主要是历史上的贡茶，但仍持续生产至今，如西湖龙井、洞庭碧螺春等。

2. 恢复历史名茶

恢复历史名茶是指在历史上曾经有过、后来因某些原因消失、近现代重新恢复起来的名茶，如徽州松萝、蒙山甘露等。

3. 新创名茶

新创名茶是指中华人民共和国成立以来，各地茶叶工作者根据市场需求，运用茶树新品种和制茶新技术研制出的名茶。这部分名茶有的是因其具有独特优异的色、香、味、形品质深受消费者喜爱而出名的，更多的是在国内外茶叶（食品、农产品）评比活动中获奖后扬名四方而成。

（二）中国十大名茶

1. 西湖龙井

（1）产地。

西湖龙井（见图2-1）属于绿茶类，产于浙江杭州西湖的狮峰山、龙井、翁家山、梅家坞、云栖、虎跑、四眼井一带的群山之中。杭州产茶的历史悠久，早在唐代陆羽所撰写的《茶经》中就有记载，龙井茶则始产于宋代。

（a）　（b）　（c）

图2-1　西湖龙井

（2）地理气候。

风景秀丽的茶区东依西子湖，南接钱塘江，西邻转塘，北面是林木茂盛的山丘坡地。这里气候温和，雨量充沛，光照漫射，土壤微酸，土层深厚，排水性好。处处林木茂盛，溪涧长流，翠竹婆娑，一片片美丽的茶园处在云雾缭绕之中。年平均气温16℃，年降水量在 1 500 毫米左右。优越的自然条件有利于茶树的生长发育，茶芽不停萌发，采摘时间长，全年可采 30 批左右，几乎是所有茶叶中采摘次数最多的。

（3）品质特点。

龙井茶以色翠、香郁、味甘、形美四绝著称于世，素有国茶之称。成品茶外形光扁平直，色翠略黄呈糙米色，滋味甘鲜醇和，香气幽雅清高，汤色碧绿清莹，叶底细嫩成朵，一旗一枪，交错相映，大有赏心悦目之感。

（4）采制。

西湖龙井的采制相当讲究，有三大特点：一是早，二是嫩，三是勤。龙井茶历来以早为贵，茶农常说：早采三天是宝，晚采三天是草。元代虞集的《游龙井》也有“烹煎黄金芽，不取谷雨后”之句。旧时按采期先后及芽叶嫩老曾分为以下不同等级：莲心、旗枪、雀舌、极品、明前、雨前、头春、二春、长大。以清明前采制的最为珍贵，称为明前；谷雨前采制的品质也很好，称为雨前。只采 1 个嫩芽的称莲心，采1 芽 1 叶的称旗枪，采 1 芽 2 叶的称雀舌。

西湖山区的龙井茶，由于产地生态条件和炒制技术的差别，历史上有狮、龙、云、虎四个品类。狮字号产于狮峰山一带，龙字号产于龙井、翁家山一带，云字号产于梅家坞、云栖一带，虎字号产于虎跑、四眼井一带。后来根据生产发展和品质风格的差异，将西湖山区的龙井茶调整为狮峰龙井、梅坞龙井、西湖龙井三个品类，其中以狮峰龙井品质最佳，香气高锐而持久，滋味鲜醇，色略黄，呈糙米色。梅坞龙井外形挺秀，扁平光滑，色翠绿。西湖龙井叶底肥嫩，香气不及前两种。高级龙井每千克中含芽头 8 万余个，为龙井茶之极品。

2. 黄山毛峰

（1）产地。

黄山毛峰（见图 2-2）属于绿茶类，产于安徽省黄山。黄山产茶的历史可追溯至宋朝嘉祐年间。至明朝隆庆年间，黄山茶已很有名气了，黄山毛峰始创于清代光绪年间。

（2）地理气候。

美丽的黄山素以苍劲多姿之奇松，嶙峋惟妙之怪石，变幻莫测之云海，色清甘美之温泉闻名于世。明代徐霞客评价说：五岳归来不看山，黄山归来不看岳。黄山风景区海拔 700~800 米的桃花峰、紫云峰、云谷寺、松谷庵、吊桥庵、慈光阁一带为特级毛峰主产区。黄山山脉南北麓的黄山市徽州区、黄山区、歙县、黟县等地及风景区外的汤口、岗村、杨村、芳村也是黄山毛峰重要产区。黄山，东与浙江相连，南与江南毗邻，气候宜人，峰峦叠翠，这里山高谷深，溪涧遍布，林木茂盛，年平均气温 15~

16℃，年降水量 1 800~2 000 毫米。土壤属山地黄壤，土层深厚，质地疏松，透气性好，含有丰富的有机质和磷钾肥，酸性土壤。优越的自然环境为黄山毛峰自然品质风格的形成创造了良好的条件。

（a）　　　　（b）

图 2-2　黄山毛峰

（3）品质特点。

特级黄山毛峰堪称我国毛峰之极品，其形似雀舌，匀齐壮实，锋毫显露，色如象牙，鱼叶金黄，香气清香高长，汤色清澈明亮，滋味鲜醇回甘，叶底嫩黄成朵。黄金片和象牙色是黄山毛峰的两大特征。

（4）采制。

黄山毛峰采摘细嫩芽叶，特级黄山毛峰采摘标准为 1 芽 1 叶，一级黄山毛峰的采摘标准为 1 芽 1~2 叶，二级和三级黄山毛峰为 1 芽 2~3 叶。特级毛峰开采于清明前后，一至三级毛峰采摘于谷雨前后，特级毛峰又分上、中、下 3 等，一至三级各分 2 个等次。为了保质保鲜，要求上午采，下午制；下午采，当夜制。

3. 太平猴魁

（1）产地。

太平猴魁（见图 2-3）属于绿茶类，主产于安徽省太平县猴坑、猴岗及颜村一带（今位于黄山市黄山区太平湖畔）。其以卓越品质久负盛名，堪称茶中极品。

（2）地理气候。

猴坑地处黄山，林木参天，云雾弥漫，空气湿润，相对湿度超过 80%。茶园土壤肥沃，腐殖质丰富，酸碱度适宜，具有得天独厚的生态环境。

（3）品质特点。

太平猴魁成品茶挺直，两端略尖，扁平匀整，肥厚壮实，全身白毫，茂盛而不显，含而不露，色泽苍绿，叶主脉呈猪肝色，宛如橄榄；入杯冲泡，芽叶徐徐展开，舒放成朵，两叶抱一芽，或悬或沉；茶汤清绿，香气高爽，蕴有诱人的兰香，味醇爽口。其品质按传统分法为：猴魁为上品，魁尖次之，三等为贡尖、天尖、地尖、人尖、和尖、元尖、弯尖等传统尖茶。现分为三个品级：上品为猴魁，次为魁尖，三等为尖茶。

(a)　　(b)

图 2-3　太平猴魁

（4）采制。

太平猴魁鲜叶的采摘特别讲究。谷雨前后，当 20% 芽梢长到一芽三叶初展时，即可开园。其后 3~4 天采一批，采到立夏便停采，立夏后改制尖茶。采摘标准为一芽三叶初展，并严格做到“四拣”：一拣山，拣高山、阴山、云雾笼罩的茶山；二拣丛，拣树势茂盛的柿大茶品种的茶丛；三拣枝，拣粗壮、挺直的嫩枝；四拣尖，采回的鲜叶要进行“拣尖”，即折下一芽带二叶的“尖头”，作为制猴魁的原料。“尖头”要求芽叶肥壮，匀齐整枝，老嫩适度，叶缘背卷，且芽尖和叶尖长度相齐，以保证成茶能形成“二叶抱一芽”的外形。“拣尖”时，芽叶过大、过小、瘦弱、弯曲、色淡、紫芽、对夹叶、病虫叶不要（“八不要”）。“拣尖”时，剔除的芽叶、单片，均制“魁片”。一般上午采、中午拣，当天制完。

4. 洞庭碧螺春

（1）产地。

洞庭碧螺春（见图 2-4）属于绿茶类，产于我国江苏省苏州市的太湖洞庭山。碧螺春创制于明朝，乾隆下江南时已是声名赫赫了。

(a)　　(b)

图 2-4　洞庭碧螺春

（2）地理气候。

洞庭碧螺春的产区是我国著名的茶果间作区，茶树和桃树、李树、杏树、石榴等果木交错种植。茶树、果树枝丫相连，根脉相通，茶吸果香，果窨茶味，陶冶了碧螺春花香果味的天然品质。洞庭分东西二山，两山气候温和，水汽蒸腾，云雾缭绕，空气湿润，土壤呈酸性，土质疏松，非常适宜茶树生长。

（3）品质特点。

洞庭碧螺春的外形条索紧结，卷曲成螺，满身披毫，银白隐翠。香气浓郁，滋味鲜醇甘厚，回味绵长，汤色清澈明亮，叶底嫩绿。有一嫩（芽叶嫩）三鲜（色、香、味）之称，是我国名茶中的珍品，以形美、色艳、香浓、味醇而驰名中外。

（4）采制。

碧螺春的采制需要高超的技术，采摘有三大特点：一是摘得早，二是采得嫩，三是拣得净。每年春分前后开采，谷雨前后结束，约一个月时间。品质以春分至清明采制的明前茶最名贵。采 1 芽 1 叶，叶形卷如雀舌。每 500 克茶叶约需 7 万个芽头。

5. 六安瓜片

（1）产地。

六安瓜片（见图 2-5）属于绿茶类，产于安徽六安和金寨两县的齐云山。六安为古时淮南著名茶区，早在东汉时就已有茶。唐朝中期六安茶区的茶园就初具规模，所产茶叶开始出名。

（a）　　　　（b）

图 2-5　六安瓜片

（2）地理气候。

六安瓜片的产地齐云山是大别山的余脉，位于大别山区的西北边缘，山高林密，云雾弥漫，空气湿度大，年降雨量充足，土质疏松，土层深厚，茶园多在山坡冲谷之中，生态环境优越。

（3）品质特点。

六安瓜片其外形平展，每一片不带芽和茎梗，叶呈绿色光润，微向上重叠，形似瓜子，内质香气清高，水色碧绿，味甘鲜，耐冲泡，叶底厚实明亮。此茶不仅可消暑解渴生津，而且还有极强的助消化作用和治病功效。明代闻龙在《茶笺》中称，六安茶入药最有功效，因而被视为珍品。

（4）采制。

六安瓜片的采摘季节较其他高级茶迟约半个月以上，高山区则更迟一些，多在谷雨至立夏之间。六安瓜片的采摘标准为 1 芽 2 叶，可略带少许 1 芽 3~4 叶。第一叶制提片，第二叶制瓜片，第三叶或第四叶制梅片，芽制银针。

6. 信阳毛尖

（1）产地。

信阳毛尖（见图 2-6）又称豫毛峰，属绿茶类，是中国十大名茶之一，也是河南省著名特产之一。其主要产地在信阳市浉河区（原信阳市）、平桥区（原信阳县）和罗山县，由茶农创制。民国初年，因信阳茶区的五大茶社产出品质上乘的本山毛尖茶，正式将其命名为“信阳毛尖”。信阳毛尖的产区：信阳市浉河区车云山、集云山、云雾山、天云山、连云山、黑龙潭、白龙潭、何家寨，俗称“五云两潭一寨”。

（a）

（b）

图 2-6　信阳毛尖

（2）地理气候。

信阳山区的土壤，多为黄、黑砂壤土，深厚疏松，腐殖质含量较多，肥力较高，pH 值在 4~6.5。历来茶农多选择在海拔 300~800 米的高山区种茶。这里山势起伏多变，森林密布，植被丰富，雨量充沛，云雾弥漫，空气湿润（相对湿度 75%以上）。太阳迟来早去，光照不强，昼夜温差较大。茶树芽叶生长缓慢，持嫩性强，肥厚多毫，有效物质积累较多。尤其是信阳处于北纬高纬度地区，年平均气温较低，很有利于氨基酸、咖啡因等含氮化合物的合成与积累。

（3）品质特点。

信阳毛尖的色、香、味、形均有独特个性，其颜色鲜润、干净，不含杂质，香气高雅、清新，味道鲜爽、醇香、回甘，从外形上看则匀整、鲜绿有光泽、白毫明显。外形细、圆、光、直、多白毫，色泽翠绿，冲后香高持久，滋味浓醇，回甘生津，汤色明亮清澈。优质信阳毛尖汤色嫩绿、黄绿或明亮，味道清香扑鼻，劣质信阳毛尖则汤色深绿或发黄、浑浊发暗，不耐冲泡、没有茶香味。

（4）采制。

采茶期分三季：谷雨前后采春茶，芒种前后采夏茶，立秋前后采秋茶。谷雨前后只采少量的“跑山尖”“雨前毛尖”，被视为珍品。特级毛尖一芽一叶初展的比例为85%以上；一级毛尖以一芽一叶为主，正常芽叶占80%以上；二三级毛尖以一芽二叶为主，正常芽叶占70%左右；四五级毛尖以一芽三叶及对夹叶为主，正常芽叶占35%以上；要求不采蒂梗，不采鲜叶。20世纪80年代后期，新开展的特优珍品茶的采摘更是讲究，只采芽苞。

7. 君山银针

（1）产地。

君山银针（见图2-7）是中国名茶之一，属于黄茶类。因产于湖南岳阳洞庭湖中的君山，形细如针，故名君山银针。其成品茶芽头茁壮，长短大小均匀，茶芽内面呈金黄色，外层白毫显露完整，而且包裹坚实，茶芽外形很像一根根银针，雅称“金镶玉”。“金镶玉色尘心去，川迴洞庭好月来。”君山茶历史悠久，唐代就已生产、出名。据说文成公主出嫁时就选带了君山银针茶进藏。

（a）

（b）

图2-7　君山银针

（2）地理气候。

君山，又名洞庭山，为湖南岳阳市君山区洞庭湖中岛屿。岛上土壤肥沃，多为砂质土壤，年平均温度16~17℃，年降雨量为1 340毫米左右，相对湿度较大，三月至九月间的相对湿度约为80%，气候非常湿润。春夏季湖水蒸发，云雾弥漫，岛上树木丛生，自然环境适宜茶树生长，山地遍布茶园。

（3）品质特点。

君山银针属黄茶类，以色、香、味、形俱佳而著称。银针茶在茶树刚冒出一个芽头时采摘，经十几道工序制成。其成品茶芽头茁壮，长短大小均匀，内呈橙黄色，外裹一层白毫，故得雅号“金镶玉”，又因茶芽外形很像一根根银针，故名君山银针。冲泡后，开始茶叶全部冲向上面，继而徐徐下沉，三起三落，浑然一体，确为茶中奇观，入口则清香沁人，齿颊留芳。

（4）采制。

君山银针的采摘和制作都有严格要求，每年只能在清明前后七天到十天采摘，采摘标准为春茶的首轮嫩芽。制作这种茶，要经过杀青、摊晾、初烘、初包、再摊晾、复烘、复包、焙干八道工序，需 78 个小时。

8. 祁门红茶

（1）产地。

祁门红茶（见图 2-8），简称祁红，属于红茶类，茶叶原料选用当地的中叶、中生种茶树“槠叶种”（又名祁门种）制作，是中国历史名茶，著名精品红茶。祁门红茶由安徽茶农创制于光绪年间，但史籍记载最早可追溯至唐朝陆羽的《茶经》。祁门红茶产于安徽省祁门、东至、贵池（今池州市）、石台、黟县，以及江西的浮梁一带。

（a）

（b）

图 2-8　祁门红茶

（2）地理气候。

祁门红茶的自然品质以安徽省黄山市祁门县历口古溪、闪里、平里一带最优。当地的茶树品种高产质优，植于肥沃的红黄土壤中，而且气候温和、雨水充足、日照适度。

（3）品质特点。

精制加工后的祁门红茶，外形条索紧结细小如眉，苗秀显毫，色泽乌润；茶叶香气清香持久，似果香又似兰花香，国际茶市上把这种香气专门叫作“祁门香”；茶叶汤色和叶底颜色红艳明亮，口感鲜醇浓厚，即便与牛奶和糖调饮，其香不仅不减，反而更加馥郁。

（4）采制。

祁门红茶的采制工艺精细，采摘一芽二、三叶的芽叶做原料，经过萎凋、揉捻、发酵，使芽叶由绿色变成紫铜红色，香气透发，然后进行文火烘焙至干。红毛茶制成后，还须进行精制，精制工序复杂花工夫，经毛筛、抖筛、分筛、紧门、撩筛、切断、风选、拣剔、补火、清风、拼和、装箱而制成。

9. 安溪铁观音

（1）产地。

铁观音（见图 2-9）属于乌龙茶类，产于福建省泉州市安溪县，安溪县是世界名茶铁观音的摇篮。安溪茶农凭借独特的半发酵制茶技艺，为中国茶家族增添了“乌龙茶”这一新成员。铁观音的制作技艺经过传承与发展，如今已被列入国家级非物质文化遗产代表性项目名录。

（a）　　（b）

图 2-9　安溪铁观音

（2）地理气候。

铁观音主产区在西部的“内安溪”，这里群山环抱，峰峦绵延，云雾缭绕，年平均气温 15~18℃，无霜期 260~324 天，年降雨量 1 700~1 900 毫米，相对湿度 78%以上。土质大部分为酸性红壤，pH 值 4.5~5.6，土层深厚，特别适宜茶树生长。安溪县感德镇享有“中国茶叶第一镇”的美誉，海拔较高，属内地带，高山地理位置及气候独特。

（3）品质特点。

安溪铁观音具有独特的兰花香和观音韵，茶汤色泽金黄明亮，滋味醇厚回甘，香气馥郁持久。其茶叶条索紧结，肥壮圆结，沉重匀整，色泽砂绿，整体形状似蜻蜓头、螺旋体、青蛙腿。

（4）采制。

铁观音的采摘标准是：待新梢长到 3~5 叶快要成熟，而顶叶六七成开面时采下 2~4叶梢，俗称“开面采”。所谓“开面采”，按新梢伸长程度不同又有小开面、中开面、大开面之分，小开面为驻芽梢顶部第一叶的面积相当于第二叶的 1/2；中开面为驻芽梢顶部第一叶的面积相当于第二叶的 2/3；大开面为顶叶的面积与第二叶的相似。春、秋茶“开面采”，即待顶叶展开，出现驻芽，采摘一芽二三叶；夏、暑茶适当嫩采，采用“小开面”；丰产茶园茶叶茂盛，持嫩性强，则采摘一芽三四叶。

10. 武夷岩茶

（1）产地。

武夷岩茶（见图 2-10）属于乌龙茶类，是中国传统名茶，具有岩韵（岩骨花香）的品质特征。其产于福建闽北“秀甲东南”的武夷山一带，茶树生长在岩缝之中。武夷岩茶具有绿茶之清香，红茶之甘醇，是中国乌龙茶中之极品。武夷岩茶属半发酵的青茶，制作方法介于绿茶与红茶之间。最著名的武夷岩茶是大红袍茶。

图 2-10　武夷岩茶

（2）地理气候。

武夷岩茶名岩产区为武夷山市风景区范围，武夷山坐落在福建武夷山脉北段东南麓，有“奇秀甲于东南”之誉。此地群峰相连，峡谷纵横，九曲溪萦回其间，气候温和，冬暖夏凉，雨量充沛，年降雨量 2 000 毫米左右，地质属于典型的丹霞地貌，多悬崖绝壁，茶农利用岩凹、石隙、石缝，沿边砌筑石岸种茶，有“盆栽式”茶园之称，根据生长条件不同有正岩、半岩、洲茶之分。正岩区的植被非常特别，因为岩石多，土层薄，高大树木很少，多为矮小乔木和灌木丛，其中有许多桂花和杜鹃；而在岩壁和溪涧边，则有许多野生四季兰和菖蒲。一年四季，空气中始终弥漫着一股清新的花香，对岩茶的香型产生了一定影响。正岩茶区小环境的另一大特点就是，因为多在峡谷间，云雾易聚难散，所以空气湿度大，年平均湿度在 80% 左右。这种小环境，为茶树提供了特别的生长条件。所以，即使是同一品种茶树，种在不同的地方，也会产生一些变异。这也是武夷岩茶“岩岩有茶，茶各有名”的缘故。

（3）品质特点。

外形弯条形，色泽乌褐或带墨绿或带沙绿或带青褐或带宝色。条索紧结或细紧或壮结，汤色橙黄至金黄、清澈明亮。香气带花、果香型，瑞则浓长、清则幽远，或似水蜜桃香、兰花香、桂花香、乳香等。滋味醇厚滑润甘爽，带特有的“岩韵”。叶底软亮、呈绿叶红镶边或叶缘红点泛现。

（4）采制。

武夷岩茶的采摘标准以新梢芽叶生育较完熟形成驻芽后采一芽 3~4 叶，对夹叶亦采，俗称开面采。采摘时，要求掌心向上，用食指钩住鲜叶，用拇指指头之力，将茶叶轻轻摘断。采摘的鲜叶力求保持新鲜，尽量避免折断、破伤、散叶、热变等不利于品质的现象发生。采摘的标准还要求鲜叶不可过嫩或过老，以确保成茶的香气和滋味达到最佳状态。武夷岩茶的制作工艺极为复杂，包括采摘、萎凋、做青、炒青、揉捻、初焙、扬簸、晾索、拣剔、复焙、团包、补火等多个步骤。

第三章 茶叶冲泡基础知识

■知识目标

➢掌握茶叶冲泡的基础知识。

➢理解泡茶用水的选择。

➢掌握煮水的基本要求。

➢了解茶具的分类，能识别不同质地、用途的茶具。

➢能根据不同茶具合理选择茶叶并正确冲泡。

■知识重点

➢茶叶冲泡的基础知识

➢泡茶用水的选择

➢煮水的基本要求

■课程思政要点

➢茶艺冲泡过程中注重礼仪规范，如坐姿、站姿、手势、语言等。教师通过教授茶艺礼仪，培养学生的文明素养和社交礼仪，让学生学会尊重他人、注重细节、言行得体。

➢强调品茶的过程是一种修身养性的方式，培养学生的耐心、专注力和内心的平静。在茶艺课堂上，营造宁静、优雅的氛围，让学生在忙碌的学习生活中找到片刻的宁静，提升自我修养。

➢引导学生通过茶艺活动培养团队合作精神。例如，在小组合作进行茶艺表演时，让学生学会分工协作、相互配合，共同完成任务。

第一节 择水与候汤

一、泡茶用水的选择

我国自古以来就十分讲究茶的冲泡（沏茶）技术，积累了丰富的经验。早在唐代，陆羽在《茶经》“五之煮”中就总结了煮茶用水的经验：“其水，用山水上，江水中，井水下”。明代田艺蘅在《煮泉小品》中说：“茶，南方嘉木，日用之不可少者，品固有嫩恶，若不得其水，且煮之不得其宜，虽佳弗佳也。”可见，要真正泡好茶并不是想象中那么容易。要泡好一壶茶或一杯茶，既要讲究实用性、科学性，又要讲究艺术性。所谓“实用性”，就是要从实际需要与条件出发，可以是冲泡一杯普通的“大碗茶”，也可以是冲泡一壶高贵的名茶；所谓“科学性”，就是要了解各类茶叶的特点，掌握科学的冲泡技术，使茶叶的固有品质能充分地表现出来；所谓“艺术性”，就是要选用合适的器皿以及优美的、文明的冲泡程式与方法等。总之，要掌握好茶叶的冲泡，重点是要选择适宜的泡茶用水与器皿；同时，要学会科学的冲泡技术。

明代许次纾在《茶疏》中说：“精茗蕴香，借水而发，无水不可与论茶也。”明代张大复在《梅花草堂笔谈》中也谈道：“茶性必发于水，八分之茶，遇十分之水，茶亦十分矣；八分之水，试十分之茶，茶叶八分耳。”可见水质能直接影响茶汤品质。水质不好，就不能正确反映茶叶的色、香、味，尤其对茶汤滋味影响更大。杭州的“龙井茶”“虎跑水”，俗称杭州“双绝”。“扬子江心水，蒙顶山上茶”。名泉伴名茶，真是美上加美，相得益彰。

古人对泡茶用水的选择，归纳起来，其要点如下：

一是水要甘而洁。宋蔡襄在《茶录》中说：“水泉不甘，能损茶味。”赵佶在《大观茶论》中指出：“水以清轻甘洁为美。”王安石还有“水甘茶串香”的诗句。

二是水要活而清鲜。宋唐庚的《斗茶记》记载：水不问江井，要之贵活。明代张源在《茶录》中分析得更为具体，指出：“山顶泉清而轻，山下泉清而重，石中泉清而甘，砂中泉清而冽，土中泉淡而白。流于黄石为佳，泻出青石无用。流动者愈于安静，负阴者胜于向阳。真源无味，真水无香。”

三是贮水要得法。如明代熊明遇在《罗山介茶记》中指出：“养水须置石子于瓮……”明代许次纾在《茶疏》中进一步指出：“水性忌木，松杉为甚，木桶贮水，其害滋甚，洁瓶为佳耳。”明代罗廪在《茶解》中介绍得更为具体，他说：“大瓮满贮，投伏龙肝一块，即灶中心干土也，乘热投之。贮水瓮预置于阴庭，覆以纱帛，使昼挹天光，夜承星露，则英华不散，灵气常存。假令压以木石，封以纸箬，暴于日中，则内闭其气，外耗其精，水神敝矣，水味败矣。”

泡茶用水，一般都用天然水。天然水按其来源可分为朱水（山水）、溪水、江水（河水）、湖水、井水、雨水、雪水等。自来水也是通过净化后的天然水。

泡茶用水究竟以何种为好，自古以来，就引起人们的重视和兴趣。陆羽曾在《茶经》中明确指出：“其水，用山水上，江水中，井水下。其山水，拣乳泉，石池漫流者上。”

我国泉水（山水）资源极为丰富。其中比较著名的就有百余处之多。镇江中冷泉、无锡惠山泉、苏州观音泉、杭州虎跑泉和济南趵突泉，号称中国五大名泉。

镇江中冷泉，又名南零水，早在唐代就已天下闻名。刘伯刍把它推举为全国宜于煎茶的七种水品之首。中冷泉原位于镇江金山之西的长江江中涡险处，汲取极难。“铜瓶愁汲中冷水（南零水），不见茶山九十翁”。这是南宋诗人陆游的描述。文天祥也有诗写道：“扬子江心第一泉，南金来此铸文渊，男儿斩却楼兰首，闲品茶经拜羽仙。”如今，因江滩扩大，中冷泉已与陆地相连，仅是一处景观罢了。

无锡惠山泉号称“天下第二泉”。此泉于唐代大历十四年（公元 779 年）开凿，迄今已有 1 200 余年历史。张又新《煎茶水记》中说：“水分七等，惠山泉为第二。”元代大书法家赵孟和清代吏部员外郎王澍分别书有“天下第二泉”，刻石于泉畔，字迹苍劲有力，至今保存完整。这就是“天下第二泉”的由来。惠山泉分上、中、下三池。上池呈八角形，水色透明，甘醇可口，水质最佳；中池为方形，水质次之；下池最大，系长方形，水质又次之。历代王公贵族和文人雅士都把惠山泉视为珍品。相传唐代宰相李德裕嗜饮惠山泉水，常令地方官吏用坛封装泉水，从镇江运到长安（今陕西西安），全程数千里。

苏州观音泉为苏州虎丘胜景之一。张又新在《煎茶水记》中将苏州虎丘寺石水（观音泉）列为第三泉。该泉甘洌，水清味美。

杭州虎跑泉为第四泉。相传唐元和年间，有个名叫“性空”的和尚游方来到虎跑，见此处环境优美，风景秀丽，便想建座寺院，但无水源，一筹莫展。夜里梦见神仙相告：“南岳衡山有童子泉，当夜遣二虎迁来。”第二天，果然跑来两只老虎，刨地做穴，泉水遂涌，水味甘醇，虎跑泉因而得名。其实，同其他名泉一样，虎跑泉也有其地质学依据。虎跑泉的北面是林木茂密的群山，地下是石英砂岩，岩石经风化作用，产生许多裂缝，地下水通地砂岩的地滤，慢慢从裂缝中涌出，这才是虎跑泉的真正来源。据分析，该泉水可溶性矿物质较少，总硬度低，每升水只有 0.02 毫克的盐离子，故水质极好。

济南趵突泉为当地七十二泉之首，被列为全国第五泉。趵突泉位于济南旧城西南角，泉的西南侧有一精美的“观澜亭”。

一般说来，在天然水中，泉水是比较清爽的，杂质少，透明度高，污染少，水质最好。但是，由于水源和流经途径不同，其溶解物、含盐量与硬度等均有很大差异，因此，并不是所有泉水都是优质的。有些泉水，如硫黄矿泉水已失去饮用价值。泡茶用水，虽以泉水为佳，但溪水、江水与河水等长年流动水，用来沏茶也并不逊色。宋代诗人杨万里曾写诗描绘船家用江水泡茶的情景，诗云：“江湖便是老生涯，佳处何妨且泊家，自汲松江桥下水，垂虹亭上试新茶。”明代许次纾在《茶疏》中说：“黄河之水，来自天上，浊者土色也，澄之既净，香味自发。”说明江河之水，尽管浑浊度高，但澄清之后，仍可饮用。通常靠近城镇之处，江（河）水易受污染。唐代《茶经》中就提出：“其江水，取去人远者。”也就是到远离人烟的地方去取水。千余年前况且如此，如今环境污染较为普遍，以致许多江水需要经过净化处理后才可饮用。

井水属地下水，是否适宜泡茶，不可一概而论。有些井水，水质甘美，是泡茶的好水，如北京故宫博物院文华殿东传心殿内的“大庖井”，曾经是皇宫里的重要饮水来源。首先，一般来说，深层地下水有耐水层的保护，污染少，水质洁净；而浅层地下水易被地面污染，水质较差，所以深井比浅井好。其次，城市里的井水，受污染多，多咸味，不宜泡茶；而农村井水，受污染少，水质好，适宜饮用。当然，也有例外，如湖南长沙城内著名的“白沙井”，因是从砂岩中涌出的清泉，水质好，且终年长流不息，取之泡茶，香味俱佳。

雨水和雪水，古人誉为“天泉”。用雪水泡茶，一向被重视。如唐代大诗人白居易《晚起》诗中的“融雪煎香茗”，宋代著名词人辛弃疾《六幺令》词中的“细写茶经煮香雪”，还有元代诗人谢宗可《雪煎茶》诗中的“夜扫寒英煮绿尘”，都描写了用雪水泡茶。清代曹雪芹的《红楼梦》“贾宝玉品茶栊翠庵”一回中，更描绘得有声有色：当妙玉约宝钗、黛玉去吃“体己茶”时，黛玉问妙玉：“这也是旧年的雨水?”妙玉回答：“这是……收的梅花上的雪……隔年蠲的雨水，哪有这样清淳?”雨水一般比较洁净，但因季节不同而有很大差异。秋季，天高气爽，尘埃较少，雨水清洌，泡茶滋味爽口回甘；梅雨季节，和风细雨，有利于微生物滋长，泡茶品质较次；夏季雷阵雨，常伴飞沙走石，水质不净，泡茶茶汤浑浊，不宜饮用。

自来水，一般都是经过人工净化、消毒处理过的江（河）水或湖水。凡达到我国饮用水卫生标准的自来水，都适于泡茶。但有时自来水中用过量氯化物消毒，气味很重，用其泡茶，会严重影响品质。为了消除氯气，可将自来水贮存在缸中，静置一昼夜，待氯气自然逸失，再用来煮沸泡茶，效果大不一样。所以，经过处理后的自来水也是比较理想的泡茶用水。

在选择泡茶用水时，还必须了解水的硬度和茶汤品质的关系。天然水分为硬水和软水两种：凡含有较多量的钙、镁离子的水称为硬水；不溶或只含少量钙、镁离子的水称为软水。如果水的硬性是含有碳酸氢钙或碳酸氢镁引起的，那么这种水称暂时硬水；如果水的硬性是由含有钙和镁的硫酸盐或氯化物引起的，那么这种水叫永久硬水。暂时硬水通过煮沸，所含碳酸氢盐就会分解，生成不溶性的碳酸盐而沉淀。这样硬水就变为软水了。平时用铝壶烧开水，壶底上的白色沉淀物，就是碳酸盐。1 升水中含有碳酸钙 1 毫克的称为硬度 1 度。硬度 0~10 度为软水，10 度以上为硬水。通常饮用水的总硬度不超过 25 度。

水的硬度与茶汤品质关系密切。首先，水的硬度影响水的 pH 值进而影响茶汤色泽。当 pH 大于 5 时，汤色加深；pH 达到 7 时，茶黄素就倾向于自动氧化而损失。其次，水的硬度还影响茶叶有效成分的溶解度。软水中含其他溶质少，茶叶有效成分的溶解度高，故茶味浓；而硬水中含有较多的钙、镁离子和矿物质，茶叶有效成分的溶解度低，故茶味淡。如水中铁离子含量过高，茶汤就会变成黑褐色，甚至浮起一层“锈油”，简直无法饮用。这是茶叶中多酚类物质作用的结果。如水中铅的含量达 0. 2ppm 时，茶味变苦；镁的含量大于 2ppm 时，茶味变淡；钙的含量大于 2ppm 时，茶味变涩，若达到 4ppm，则茶味变苦。由此可见，泡茶用水以选择软水或暂时硬水为宜。

在天然水中，雨水和雪水属于软水，泉水、溪水、江（河）水，多为暂时硬水，部分地下水为硬水。蒸馏水为人工加工而成的软水，但成本高，不可能作为一般饮用水。

二、候汤

古人品茶，首重煎水。选好了茶，下一步就是最重要、最关键的环节：候汤。候汤意为等待煮茶的水开，水煎得过头或不及，古人常用老（或称百寿汤）、嫩（或称婴儿沸）二字加以形容，所以泡茶的水温与茶汤品质有直接关系。没烧开或初沸的嫩汤，泡不开茶固然不好；开过头的水，随着沸腾时间的延长，会不断排除溶解于水中的气体，特别是二氧化碳，此即陆羽所说的水汽全消，亦会影响茶味。特别是不少河水、井水中含有一些亚硝酸盐，煮的时间太长，随着蒸发的加剧，其含量相对增加；同时，水中的部分硝酸盐亦会因受热时间长而被还原为亚硝酸盐。亚硝酸盐是一种有害的物质，喝下有害物质含量高的水，自然对人体不利。

古往今来的实践证明，没有好水，好茶的品质发挥不出来；但有了好水，煮水的火候掌握不好，也无法显示出好茶的品质，甚至还会使茶汤变味、茶色走样。例如：高级绿茶多以嫩芽制成，不能用 100℃的沸水冲泡，一般以 80℃左右为宜。红茶、花茶及中低档绿茶则要求用 100℃的沸水冲泡。乌龙、普洱和沱茶，每次用量多，茶叶又较粗老，更要求用沸滚的水冲泡。

候汤时，要掌握好烧水之际随时变化着的情状，包括火候和定汤两个方面。

火候，是指煮水的火力；定汤，则是对泡茶用水温度的定夺。苏东坡说：昔时李生好客手自煎，贵从活火发新泉。煮水时的火力大小也会影响到茶汤的质量。煮水一般要求用活火，就是炭火而有焰的。

煮水燃料的选择有两方面要求：一是燃烧性能要好，产生热量要大，做到急火快煮；二是燃烧物不能带有异味和冒烟，这样才能不致污染水质。现代煮水燃料中燃烧性能较好、污染较小的有煤气、酒精、电等，因其既清洁卫生又简单方便，还能达到急火快煮的要求。

定汤对冲茶的品质起着决定性的作用。具备好茶、好水，却将水煮坏、煮老了，则前功尽弃，因此一杯茶的好坏优劣最后取决于此。煮水，如烹调，过老或不熟都不好。水煮过头，称老水，原因是水煮过久，水中含氧量降低，水的滋味与鲜味也降低。袁牧在《随园食单·茶酒单》中详细叙述了定汤之术：烹时用武火，用穿心罐一滚便泡，滚久则水味变矣，停滚再泡则叶浮矣。一泡便饮，用盖掩之则味又变矣。此中消息，间不容发也。可见定汤的操作大有学问。苏辙《和子瞻煎茶》诗云："相传煎茶只煎水，茶性仍存偏有味。"水煎和好，才能保存茶性，使色、香、味更美。

第二节　茶具的选择

古语说"器乃茶之父，水乃茶之母"，可见茶具对于泡茶的重要性。"美食需用美器配"，饮茶同样应选择相宜的茶具，以便能够衬托出茶叶的色与形，保持住茶叶的香与味。同时，茶具本身的质地、色泽、图案等蕴含的艺术内容，可陶冶性情，增长知识，增添品茗的情趣。

一、茶具的种类

（一）陶土茶具

陶器，是新石器时代的重要发明，最初是粗糙的土陶，逐渐演变成比较坚实的硬陶和彩釉陶。陶器茶具（见图 3-1）中的佼佼者，首推宜兴紫砂茶具。

（a）

（b）

图 3-1　陶土茶具

（二）瓷器茶具

瓷器的发明和使用迟于陶器。瓷器是在陶器的基础上发展而来的，大约始自东汉晚期。陶器的诞生大大加快了人类的文明进程，而瓷器的发明又有力地提升了人们的生活质量。如果说陶器茶具是宜兴紫砂一花独放，那么，瓷器茶具（见图 3-2）则是白瓷、青瓷和黑瓷三足鼎立。

（a）

（b）

图 3-2　瓷器茶具

（三）漆器茶具

漆器茶具（见图 3-3）始于清代，主要产于福建省福州市，故称为“双福”茶具，以脱胎漆器茶具最为有名。漆器茶具表面晶莹光洁、嵌金填银、描龙画凤、光彩照人，其质轻且坚、散热缓慢。

（a）

(b)

图 3-3　漆器茶具

（四）金属茶具

金属茶具（见图 3-4），主要用于宫廷茶宴，在历史上昙花一现。最为著名的是 1987 年 5 月，我国考古学家在陕西扶风县法门寺地宫中发掘出一套晚唐时期的银质鎏金茶具，这套茶具精美绝伦，堪称国宝，曾轰动一时。但是中国茶道的基本精神是“精行俭德”，故在茶艺中不提倡使用金属茶具。现代金属茶具已不多见，仅烧水壶及贮茶罐由铁、铝、锡等制成。

(a)

(b)　　　　　　　　(c)

图 3-4　金属茶具

（五）竹木茶具

竹木质地朴素无华且不导热，用作茶具有保温不烫手等优点。另外，竹木纹理天然，做出的茶具别具一格，很耐观赏。目前，主要用竹木制作茶盘、茶池、茶具（见图 3-5）、茶叶罐等，也有少数地区用竹茶碗饮茶。

图 3-5　竹木茶具

（六）玻璃茶具

玻璃茶具（见图 3-6）是茶具中的后起之秀，最大的特点是质地透明、可塑性强，制成各种茶具晶莹剔透、光彩夺目，时代感强且价廉物美。缺点是传热快，易烫手，易碎。玻璃茶具最适宜用于冲泡名贵绿茶、白茶、花茶和花草茶等具有观赏性的茶类。

图 3-6　玻璃茶具

（七）其他茶具

除了上述六类常见的茶具之外，还有用玉石、水晶、玛瑙以及用各种珍稀原料制成的茶具，如在我国台湾，木纹石、黑石胆、龟甲石、尼山石、端石的石茶壶很受欢迎，但这些茶具一般用于观赏和收藏，在实际泡茶时很少使用（见图 3-7）。

二、茶具的功能配置

在现代茶艺活动中，按功能的不同可将茶具分为泡茶器具、盛茶器具、辅助器具、储水器具、储茶器具、盛运器具、泡茶席和茶室用品八类。

（a）

（b）

（c）

（d）

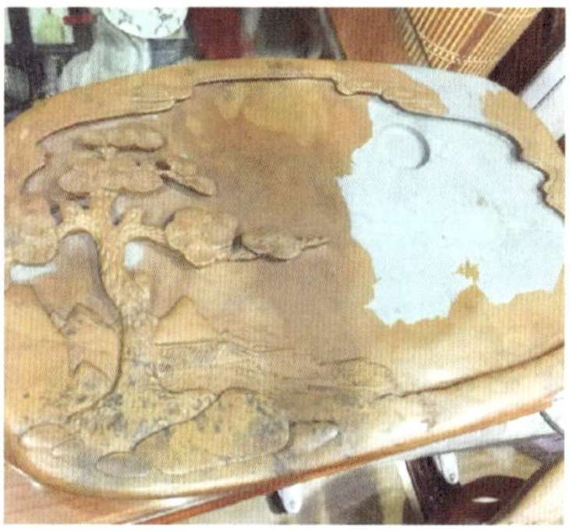

（e）

图 3-7　其他茶具

（一）泡茶器具

1. 茶壶

茶壶（见图 3-8）是茶具的重要组成部分，是主要用来泡茶和斟茶的带嘴器皿，也有直接用小茶壶来泡茶和盛茶，独自酌饮的。茶壶由壶盖、壶身、壶底、圈足四部分组成，壶盖有孔、钮、座、盖等细部，壶身有口、延（唇墙）、嘴、流、腹、肩、把（柄、扳）等部分。由于不同壶的把、盖、底、形的细微差别，茶壶的基础形态就有近 200 种。泡茶时，茶壶大小依饮茶人数多少而定。茶壶的质地很多，目前使用较多的是紫砂陶壶或瓷器茶壶。

图 3-8　茶壶

2. 盖碗

盖碗（见图 3-9）是集盖、碗、托三件于一体的茶器，又称“三才碗”“三才杯”，寓意盖为天、托为地、碗为人，暗含天地人和之意。盖碗是在明代散茶撮泡的基础上开始盛行的。清代北方流行花茶，茶汤容量较大，具保温功能的盖碗和大壶使用得最为普遍。饮时多以盖拨茶，既可直接啜饮也可观赏叶形。

图 3-9　盖碗

3. 茶碗

碗泡法的前身是点茶法，始自唐代，兴盛于宋代，点茶所需器具只有汤瓶、茶碗和竹筅，茶也多为抹茶。这种泡茶方法传至日韩，得以流传至今。近年来，碗泡法又在茶圈中流行起来，以碗开汤，以匙分汤，碗茶散热快不易闷馊，宜冲点细芽观赏叶形，匙能分茶亦能闻香，在茶席上饶富趣味。茶碗见图 3-10。

图 3-10　茶碗

（二）盛茶器具

1. 公道杯

公道杯（见图 3-11）又称茶海、茶盅，用以盛放茶汤，避免茶叶久泡苦涩，并起到沉淀茶渣的作用。其最主要的作用是使茶汤浓度相近、滋味一致，均匀后再分至各人杯中，以表一视同仁，因而也有了“公道杯”之名，反而“茶盅”的称呼渐渐少用，以致被人遗忘。

2. 品茗杯

品茗杯可用来品茶及观赏茶的汤色。将茶汤倒入品茗杯中，小啜慢品，是饮茶过程中最惬意的享受。品茗杯多白瓷、紫砂或玻璃材质。

3. 闻香杯

闻香杯（见图 3-12）用于闻香，比品茗杯细长，通常与品茗杯成套使用。使用闻香杯，一是其保温效果好，可以让茶的热量多留存一段时间，饮者也能够握住杯颈暖一会儿手；二是茶香散发慢，可以让饮者尽情地玩赏、品味。

图 3-11　公道杯

图 3-12　闻香杯

（三）辅助器具

1. 壶承

壶承是承载主泡茶器的容器。壶承的兴起，借鉴于工夫茶使用的茶盘，又因近年来流行的“干泡法”而被广为使用，在干泡茶席上它更多的是用来避免主泡茶器流出的水沾湿茶席布，也是为了提升茶席的总体美感。

2. 杯托

杯托是茶杯的垫底器具，方便奉茶，且不易烫手。

3. 茶巾

茶巾又被称为茶布，一般为麻、棉等纤维制造而成。茶巾的主要功能是擦干茶壶，于分茶前将茶壶或茶海底部残留的水擦干，也可用于擦拭桌面的茶水。

4. 茶席

茶席巾又名素方，是奠定茶具中心位置的一方素巾。早期盛放茶具的是一个托盘，渐渐发展为一块软质布巾，随着茶桌越变越大，茶席巾的规格也渐由小长方巾发展至符合当代视觉美学的大长卷。长卷是中国水墨绘画非常独特的具有时间意味的艺术形式，右手一边收卷“过去”，左手一边展开“未来”。

5. 茶道六君子

茶道六君子（见图 3-13）又称茶道组，指茶筒、茶勺、茶漏、茶则、茶夹和茶针（茶通）。

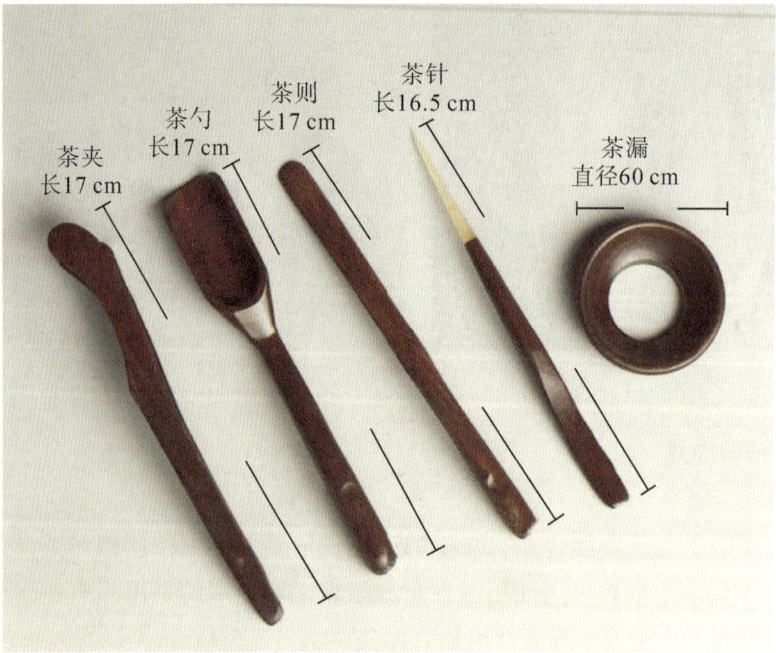

（a）

（b）

图 3-13　茶道六君子

（1）茶筒。茶筒是盛放茶艺用品的茶器筒。

（2）茶勺。茶勺又称茶匙，形状像汤匙所以称茶匙，为盛茶入壶的用具。

（3）茶漏。茶漏在置茶时放在壶口上，以导茶入壶，防止茶叶掉落壶外。

（4）茶则。茶则是量器的一种，把茶从茶罐中取出置于茶荷或茶壶时，需要用茶则来量取。茶则也可配合茶匙，将茶叶移入茶壶。

（5）茶夹。茶夹可用于将茶渣从壶中夹出，也可用来夹取品茗杯，防烫且卫生。

（6）茶针（茶通）。茶针（茶通）的功用是疏通茶壶的内网（“蜂巢”），以保持水流畅通，或放入茶叶后把茶叶拨匀，使碎茶在底，整茶在上。

6. 盖置

盖置是承托壶盖、盅盏、杯盖的器具，既能保持盖子清洁，又能避免沾湿桌面。

7. 滤网

滤网又称滤斗，用于过滤茶汤碎末。传统滤网为金属丝制成，边缘为金属或瓷质。滤网架用于承托滤网，多为金属螺旋状，传统样式有瓷质双手合掌状、单手伸指状等。

8. 茶荷

茶荷的功用与茶则类似，皆为置茶的用具，但茶荷兼具赏茶功能。茶荷的主要用途是将茶叶由茶罐移至茶壶。在置茶的同时，茶荷还兼具以下赏茶功能：盛装茶叶后，茶荷可供人欣赏茶叶的色泽和形状，并据此评估冲泡方法及茶叶量的多少，之后才将茶叶倒入壶中。茶荷有多种形状，如圆形茶荷、半圆形茶荷、弧形茶荷、多角形茶荷等，形状多为有引口的半球形，也被称为赏茶荷。茶荷材质多样，主要有瓷器、竹制品、陶制品等，既实用又可当艺术品，一举两得。

9. 茶盘

茶盘是盛放茶壶、茶杯、茶道组、茶宠、茶食的浅底器皿。茶盘可以很大，也可以很小，形状可方可圆，或为扇形；可以是单层也可以是夹层，夹层用以盛废水，夹层可以是抽屉式的，也可以是嵌入式的。按材质区分，茶盘主要有竹茶盘、木茶盘、石茶盘、陶瓷茶盘、金属茶盘、电木茶盘等。

有了茶盘，茶壶、茶杯、公道杯等才好登场，演绎出一场关于茶文化的好“戏”。即便是在郊外或公园的无我茶会，至少也需要一面茶巾来替代一下茶盘的角色。有了茶盘，会产生一统局面的整肃感，否则会让人感觉杂乱无章。

（四）储水器具

1. 煮水器

煮水器由汤壶和茗炉两部分组成，炉以热源分，有电炉、酒精炉、炭炉、煤气炉等。常见的茗炉，炉身为陶器或金属架，中间放置酒精灯。茶艺馆及家庭使用最多的是电炉，用电烧水，方便实用。

2. 水盂

水盂又名茶盂、废水盂、建水、渣斗，用于存放泡茶过程中的废水、茶渣等，功能相当于废水桶、茶盘。

3. 水方

水方是储放清洁用水的器皿。

4. 水注

水注是盛水的壶形容器，功用是将冷水注入煮水器内加热，或将开水注入壶（杯）中温器，调节冲泡水温。水注形状近似壶，壶口较一般壶小，而壶嘴特别细长，多为陶瓷制品。

（五）储茶器具

1. 茶样罐（筒）

茶样罐（筒）是用于盛放茶样的容器，体积较小，装干茶 30~50 克即可。茶样罐（商）以漆器为佳，也有用纸或金属制作的。

2. 储茶罐（瓶）

储茶罐（瓶）用于储藏茶叶，可储茶 250~500 克。为密封起见，储茶罐（瓶）应使用双层盖或防潮盖，金属或瓷质均可。

3. 茶瓮（箱）

茶瓮（箱）为涂釉陶瓷容器，小口鼓腹，是储藏及防潮的用具；也可用镀锡铁（马口铁）制成双层箱，下层放干燥剂（通常为生石灰），上层用于储藏，双间以带孔搁板隔开。

（六）盛运器具

1. 提柜

提柜是用以储存泡茶用具及茶样罐的木柜，门为抽屉式，内分格或安放小抽屉，方便外出泡茶时携带。

2. 提篮

竹编的有盖提篮可放置泡茶用具及茶样罐等，方便外出泡茶时携带。

3. 提袋

提袋是携带泡茶用具及茶样罐、茶巾、坐垫等物的多用袋，是用人造革、帆布等制成的背带式袋子。

4. 包壶巾

包壶巾是用以保护壶、盅、杯等的包装布，以厚实而柔软的织物制成，四角缝有雌雄搭扣。

5. 杯套

杯套常用柔软的织物制成，套于杯外。

（七）泡茶席

1. 茶车

茶车是可以移动的泡茶桌子，不泡茶时可将两侧台面放下，搁架对向关闭，桌身即成一柜，柜内分格，放置必备的泡茶器具及用品。

2. 茶桌

茶桌是用于泡茶的桌子，一般的规格为长 120~150 厘米，宽 60~80 厘米。

3. 茶凳（椅）

茶凳（椅）是泡茶时的坐具，高低应与茶车或茶桌相配。

4. 坐垫

坐垫是在炕桌上或地上泡茶时用于坐、跪的柔软垫物，大多为 60 厘米×60 厘米的正方形，或 60 厘米×45 厘米的长方形，为方便携带，可制成折叠式。

（八）茶室用品

1. 屏风

屏风用于遮挡非泡茶区域或作为装饰。

2. 茶挂

茶挂是挂在墙上营造气氛的书画艺术作品。

3. 花器

花器是插花用的瓶、塞、篮、盆等物。

4. 香炉

香炉是点香用的香器，用于营造泡茶区域的意境。不同时期，茶人对茶具的喜爱各不相同；在不同情境下，茶具的选择与使用也不一样。

第三节　泡茶的要素

泡茶是中国人的发明，是中国茶文化发展的拐点，带动了茶具、茶道、茶艺、茶文化的发展。泡茶讲究茶具、用水、水温、环境、心境、服装等。泡茶技术，让茶饮真正实现普及。

一、茶叶的选择及投茶量

（一）茶叶

（1）选择合适的茶叶种类。

不同的茶叶种类具有不同的风味和特点，如绿茶清新爽口、红茶醇厚甘甜、乌龙茶香气浓郁等。应根据个人口味和需求选择适合的茶叶种类。

（2）确保茶叶质量。

优质的茶叶外形完整、色泽鲜艳、香气浓郁。购买茶叶时，选择正规渠道，注意查看茶叶的产地、生产日期、保质期等信息。

（二）投茶量

要想泡好一杯茶或一壶茶，首先要掌握茶叶用量。每次茶叶用多少，并没有统一标准，主要根据茶叶种类、茶具大小以及消费者的饮用习惯而定。茶叶种类繁多，茶类不同，用量各异。如冲泡一般红、绿茶，茶与水的比例，大致掌握在 1：50～1：60，即每杯放 3 克左右的干茶，加入沸水 150～200 毫升。如饮用普洱茶，每杯放 5～10 克茶。如用茶壶，则按容量大小适当掌握。用茶量最多的是乌龙茶，每次投入量几乎为茶壶容积的二分之一，甚至更多。

用茶量多少与消费者的饮用习惯也有密切关系。在西藏、新疆、青海和内蒙古等民族地区，人们以肉食为主，当地又缺少蔬菜，因此茶叶成为生理上的必需品。他们普遍喜饮浓茶，并在茶中加糖、加乳或加盐，故每次茶叶用量较多。华北和东北广大地区人民喜饮花茶，通常用较大的茶壶泡茶，茶叶用量较少。长江中下游地区的消费者主要饮用绿茶或龙井、毛峰等名优茶，一般用较小的瓷杯或玻璃杯，每次用量也不多。福建、广东、台湾等省，人们喜饮工夫茶，茶具虽小，但用茶量较多。

茶叶用量还同消费者的年龄结构与饮茶历史有关。中老年人往往饮茶年限长，喜喝较浓的茶，故用量较多；年轻人初学饮茶的多，普遍喜爱较淡的茶，故用量宜少。总之，泡茶用量的多少，关键是掌握茶与水的比例。茶多水少，则味浓；茶少水多，则味淡。有人曾做过这样一个试验：取四只茶杯，各等量放入 3 克相同的茶叶，再分别倒入沸水 50 毫升、100 毫升、150 毫升和 200 毫升。5 分钟后审评茶汤滋味，结果是，加水 50 毫升的滋味极浓，加水 100 毫升的滋味太浓，加水 150 毫升的滋味正常，加水 200 毫升的滋味较淡。

二、泡茶用水的选择及水温

（一）泡茶用水的选择

古人知晓泡茶时水的重要性，因此非常重视水的质量。若水质差，茶叶的色香味就会被改变或者被淹没，若非常适宜则会对茶汤品质起到优化作用。古人主要从水质和水味两方面对水给予评价，好的水质必须是清、活、轻，水味须甘、冽。现代科学分析认为，每升水含 8 毫克以上的钙、镁离子称为硬水，反之则为软水。软水沏茶，色、香、味俱佳，硬水泡茶，茶汤易变色，色、香、味也会大受影响。水的轻重还包括水中所含的矿物质成分的多少以及酸、碱度，用含铁、碱物质较多的水泡茶，茶汤会飘起一层“锈油”，出现浑浊并有沉淀物。水的酸度大，泡出的茶色就会深，甚至呈暗黑色。所以建议选用软性水泡茶。

（二）泡茶的水温

不同的茶叶需要不同的水温。一般来说，绿茶适宜用 80℃左右的水温冲泡，红茶、乌龙茶等则需要用 100℃的沸水冲泡。水温过高会破坏茶叶中的营养成分和香气，水温过低则难以充分泡出茶叶的味道。

三、茶具

茶壶：应选择合适的茶壶材质，如紫砂、陶瓷、玻璃等。不同材质的茶壶具有不同的特点，紫砂茶壶透气性好，能保持茶叶的原味；陶瓷茶壶美观大方，保温性能较好；玻璃茶壶则可以观察茶叶的冲泡过程。

茶杯：茶杯的选择应与茶壶相匹配，材质和大小要合适。一般来说，白色的茶杯可以更好地观察茶汤的颜色。

其他茶具：如茶盘、茶巾、茶匙、茶荷等，这些茶具可以增加泡茶的仪式感和便利性。

四、冲泡方法

投茶量：应根据茶壶的大小和个人口味确定投茶量。一般来说，每 100 毫升水需要投放 2~3 克茶叶。

冲泡时间：不同的茶叶需要不同的冲泡时间。一般来说，绿茶冲泡时间较短，约为 1~2 分钟；红茶、乌龙茶等冲泡时间较长，约为 3~5 分钟。冲泡时间过长会使茶汤过浓，影响口感；冲泡时间过短则难以充分泡出茶叶的味道。

冲泡次数：不同的茶叶可以冲泡的次数不同。一般来说，绿茶可以冲泡 2~3 次，红茶、乌龙茶等可以冲泡 3~5 次。随着冲泡次数的增加，茶汤的味道会逐渐变淡。

五、环境氛围

安静舒适的环境：泡茶需要一个安静、舒适的环境，让人们能够放松心情，享受泡茶的过程。

合适的音乐：可以选择一些轻柔的音乐，如古典音乐、轻音乐等，营造出优雅的氛围。

良好的心态：泡茶是一种修身养性的活动，需要保持良好的心态，用心去感受茶叶的香气和味道。

【课后思考题】

1. 古人泡茶用水的标准是什么？
2. 必备的泡茶用具有哪些？
3. 列举出至少四个中国名泉。

第四章 茶与健康

■知识目标

➢了解我国古籍中对茶功效的评价。

➢熟悉茶叶的主要成分、种类及其风味特性。

➢掌握主要茶叶成分的保健功能和科学合理饮茶。

■知识重点

➢认识主要茶成分与品质风味的关系。

➢认识主要茶叶成分的保健功能。

➢学会选择与购买茶叶，科学合理饮茶。

■课程思政要点

➢介绍中国传统医学中对茶的药用价值的认识。中医认为，茶具有清热解毒、提神醒脑、消食化积等功效。通过学习茶与传统医学的关系，学生可了解中国传统医学的智慧和独特价值，增强对传统文化的认同感。

➢鼓励学生关注茶叶领域的科技创新。随着科技的发展，茶叶的种植、加工和检测技术不断创新，如有机茶种植、茶叶深加工、茶叶质量检测等。引导学生关注科技创新对茶叶产业和健康的影响，培养学生的创新意识和创新能力。

第一节　茶与健康的关系

茶叶中含有丰富的有利于身体健康的功能性成分，被公认是健康的饮品。从古至今，饮茶可以使人身心健康，可以放松心情、保持平和乐观豁达的良好心态，达到精神上的享受。

一、中国古代对茶效的认识

（一）中国历代医药专著论茶

早在公元前 2 世纪，司马相如在《凡将篇》述及了 20 多种草药，其中就提到了茶。

东汉医学家华佗的《食论》中提到“苦荼久食，益意思”，是茶药理功能的最早记述。

唐代出版的《唐本草》记有“茶主瘘疮，利小便，去痰热渴”“主下气，消宿食”；《食疗本草》载有“茗叶利大肠，去热解痰”“主下气，除好睡，消宿食”；《本草拾遗》提及茶“破热气，除瘴气”“久食令人瘦，去人脂”。

宋代出版的《本草图经》称“茶醒神、释滞消壅……”；《山家清供》亦称“茶即药品也，去滞化食”。

元代出版的《汤液本草》认为“茶可治中风昏聩、多睡不醒”；《饮膳正要》认为“凡诸茶……去痰热、止渴、利小便，消食下气、清神少睡”。

明代出版的《食物本草》《救荒本草》《野菜博览》《本草纲目》《本草经疏》，以及清朝出版的《食物本草会纂》《本草纲目拾遗》《本草求真》等著名的本草书记述了茶的功效。特别是 1578 年我国著名药学家李时珍编著的《本草纲目》，是一部介绍饮食、药用品的集大成之作，同时它也记述了茶的药理功能：“茶苦而寒……最能降火，火为百病，火降则上清矣……温饮则火因寒气而下降，热饮则茶借火气而升散，又兼解酒食之毒，使人神思闿爽，不昏不睡。”

（二）中国历代古医书中记载的茶疗方

从唐代开始，就有了临床医疗使用药茶方的记载，举例如下：

（1）《千金方》记有以“煮茶单饮”治头痛。

（2）《赤水玄珠》记有“茶稠散”方，即以茶、川芎、薄荷等治风热上攻、头上昏痛症。

（3）《万氏家抄方》记有“茶柏散”方，即以茶、黄檗、薄荷等治喉症类疾病。

（4）《圣济总录》记有“姜茶散”方，以茶、生姜等治霍乱后烦躁不安；“海金沙”方以海金沙、茶等治小便不通，脐下满闷。

（5）《韩氏医通》记有以豆、芝麻、茶等作为抗衰老的补益方剂。

另外，在历代中医文献中用茶的方剂也特别多，如《银海精微》《医宗金鉴》《审视瑶函》等著作中有百余张眼科名方中都用茶叶，而且大多至今沿用。

（三）中国历代经史子集类及茶叶专著论茶效

我国古代出版的一些经史子集类著作，如《广雅》《博物志》《述异记》《唐国史补》《东坡杂记》《格物粗谈》《古今合璧事类备要外集》《岭外代答》《散斋古今黈》《三才图会》《黎岐纪闻》等约 20 种史类资料论及了茶的药理作用。

历代出版的茶叶专著也都详细介绍了茶的功效。如唐代陆羽所著的我国第一部茶叶专著《茶经》记载"茶之为用，味至寒，为饮最宜，精行俭德之人，若热渴、凝闷、脑疼、目涩、四支烦、百节不舒，聊四五啜，与醍醐甘露抗衡也"。唐代顾况的《茶赋》认为茶能"攻肉食之膻腻，发当暑之清吟，涤通宵之昏寐"。明代《茶谱》则将茶的功效归纳为："人饮真茶，能止渴消食，除痰少睡，利水道，明目益思，除烦去腻，固不可一日无茶。"

二、现当代茶与健康的研究

随着科学技术的发展，关于茶的很多不解之谜日渐清晰。只有正确认识和科学应用才能使茶真正实现养生保健的功效。尽管饮茶有利健康，但是还须做到科学饮茶。同时，必须明白茶不是"药"，而是一种对人体有生理调节作用的功能性饮品。

现代医学研究表明，人体罹患的百余种疾病与体内过量的自由基毒性反应相关，过量的自由基是致病因子。茶叶中多酚类物质是一种高效低毒的自由基清除剂，有利于人体的健康，这是对茶叶的现代医疗研究的理论依据。

在现代社会中，茶叶在抗疲劳、预防和治疗心理疾病中也发挥着非常重要的作用。其功能的发挥主要体现在两个方面：一是茶叶自身所具有的化学成分对心理疾病有预防和治疗的作用；二是饮茶所营造的舒适环境能对心理疾病起到缓解作用。

中国茶道精神提倡和诚处世、以礼待人、奉献爱心，建立和睦相处、相互尊重、互相关心的新型人际关系，以利于社会风气的净化。在当今现实生活中，生活节奏加快、竞争激烈，所以人心浮躁，心理容易失衡，导致人际关系紧张。而茶道、茶文化是一种雅静、健康的文化，它能使人们紧绷的心灵之弦得以松弛，倾斜的心理得以平衡。

茶与人们的生活密不可分，人们以茶待客、以茶代酒、以茶馈赠，茶已渗透到人们的生活中。茶能陶冶人的情操，提升人的精神境界，驱散内心阴影，减轻心理障碍。喝茶不仅有利于身体健康，更是对心理、审美的提升。人们通过品茶来放松心情、调节心理压力，能形成积极的心态，从而保持一种更加健康的心理状态，在促进心理健康发展的同时提升内在的气质和修养。

第二节　茶叶的主要成分与保健功能

一、茶叶的主要成分

茶叶的主要成分有茶多酚、氨基酸、生物碱、茶多糖、茶色素、茶皂素、维生素类与矿物质元素等。

1. 茶多酚

茶多酚是茶叶中多酚类物质的总称，是茶叶的特征性生化成分之一，也是茶叶医疗价值最主要的物质基础，它们在鲜叶中的含量一般在15%以上，最高可达40%。茶叶中多酚类物质主要由儿茶素类（黄烷醇类）、黄酮类和黄酮醇类、花青素和花白素类、酚酸和缩酚酸类组成，以儿茶素类化合物含量最高，占茶多酚总量的70%~80%。儿茶素类中，以表儿茶素（EC）、表没食子儿茶素（EGC）、表儿茶素没食子酸酯（ECG）和表没食子儿茶素没食子酸酯（EGCG）最为重要。茶多酚是一种活性物质，具有氧化还原性，能提供质子清除过多的自由基，并阻断自由基的传递，提高人体内源性抗氧化能力，被誉为“人体的保鲜剂”。鲜叶加工成干茶后，不同的加工方法使多酚类物质发生不同程度的变化。绿茶的茶多酚含量在所有茶类中是最高的；红茶的茶多酚含量在所有茶类中是最低的，但红茶含有大量多酚氧化产物，有很好的医疗保健功效；乌龙茶介于绿茶与红茶之间，保留了一定数量的茶多酚，同时也含有一些多酚氧化产物。

多酚类物质具有杀菌抗病毒、清除自由基、保护和修复DNA结构等生化活性，这些生化性质使得茶叶具有降血脂、抗肿瘤、抗脂质过氧化、抗菌、抗病毒、抗衰老、抗辐射损伤、解毒、增强免疫功能等生理功效。

2. 氨基酸

氨基酸是茶叶中主要的功能性成分，与茶叶的保健功能关系密切。氨基酸在茶汤中的浸出率可达80%，所以它对茶汤品质及人体的药理作用影响较大。茶叶中已被发现的氨基酸有26种，除了组成蛋白质的20种氨基酸外，还含有6种非蛋白质组成的游离氨基酸，氨基酸的总量占茶叶干重的1%~4%。

与茶叶保健功效关系最大的氨基酸是茶氨酸和v-氨基丁酸。茶复酸可以促进神经生长和改善大脑功能，从而增强记忆力，并对帕金森病、阿尔茨海默病及传导神经功能紊乱等疾病有预防作用；可以降压安神，能明显抑制由咖啡因引起的神经系统兴奋，改善睡眠；可以增加肠道有益菌群，降低血浆胆固醇含量；可以保护人体肝脏，增强人体免疫机能，有改善肾功能、延缓衰老等功效。Y-氨基丁酸具有显著的降血压效果，它能改善大脑的血液循环，增加氧气供给，改善大脑细胞代谢功能，有助于治疗脑中风、脑动脉硬化后遗症等；有改善脑机能、增强记忆力的功效，能改善视力，降低胆固醇含量，调节激素分泌，解除氨毒，增强肝功能，活化肾功能，改善更年期综合征等。

3. 生物碱

茶叶中的生物碱主要有咖啡因、茶碱和可可碱，三种生物碱都属于甲基嘌呤类化合物，是一类重要的生理活性物质，也是茶叶的特征性化学物质。它们均具有兴奋中枢神经的功效。由于茶叶中茶碱含量较低，而可可碱在水中的溶解度不高，因此，在茶叶生物碱中起主要作用的是咖啡因。

茶叶中的咖啡因含量约为鲜叶干重的2%~4%，每150毫升茶汤中含有约40毫克咖啡因。咖啡因具有弱碱性，易溶于水，通常在80℃即能溶解，它对茶汤滋味的形成有重要作用。咖啡因和茶多酚常呈络合状态存在，在人们正常的饮用量下，咖啡因对人无致畸、致癌和致突变作用。茶叶中的咖啡因还有兴奋大脑中枢神经、强心、利尿等多种药理功效。茶叶的许多功效都与咖啡因有关，如消除疲劳、提高工作效率、抵抗酒精和尼古丁等的毒害、减轻支气管和胆管痉挛、调节体温、兴奋呼吸中枢等。当然，咖啡因也存在负面效应，主要表现为晚上饮茶可能影响睡眠，对神经衰弱者、心动过速者等有不利影响。

4. 茶多糖

茶多糖也叫茶叶多糖复合物，包括单糖、双糖和多糖三类，其含量随茶叶原料的老化而增多。一般来说，六级茶中茶多糖含量是一级茶的2倍左右。同样嫩度的鲜叶加工成红茶、绿茶和乌龙茶后，茶多糖的含量以乌龙茶最高，绿茶次之，红茶最低。

中医用泡饮粗老茶治糖尿病就是发挥了茶多糖的作用。茶多糖具有降血糖、降血脂、防辐射、抗凝血及血栓、增强机体免疫功能、抗氧化、抗动脉粥样硬化、降血压、保护心血管等药理功效。

5. 茶色素

茶叶中的色素包括脂溶性色素和水溶性色素两部分，含量仅占茶叶干物质总量的1%左右。脂溶性色素不溶于水，有叶绿素、叶黄素、B-胡萝卜素等。水溶性色素有黄酮类物质、花青素及茶多酚氧化产物茶黄素、茶红素、茶褐素等。脂溶性色素是形成干茶色泽和叶底色泽的主要成分。尤其是绿茶，干茶色泽和叶底的黄绿色主要取决于叶绿素的含量。叶绿素是一种优异的食用色素，具有抗菌、消炎、除臭等作用。B-胡萝卜素具有抗氧化、清除体内自由基、增强免疫力、提高人体抗病能力等作用。

在茶叶中，茶多酚及其衍生物经过氧化缩合可以形成茶黄素和茶红素，它们是红茶的主要品质成分，也是红茶色泽显示的主要成分，还具有很好的生理活性，在红茶中含量一般约1%。在黑茶、乌龙茶、黄茶中也存在少量茶黄素和茶红素。茶黄素具有类似茶多酚的作用，是一种有效的自由基清除剂和抗氧化剂，具有抗癌、抗突变、抑菌抗病毒、治疗糖尿病、改善和治疗心脑血管疾病等作用。

6. 茶皂素

茶皂素是一种天然的表面活性剂，可以让茶汤起泡沫。它存在于茶树的种子、叶、根、茎中，茶根中含量最多。茶皂素除了最主要的表面活性外，还具有溶血、降低胆固醇、抗菌作用及抗炎、镇静（抑制中枢神经、镇咳、镇痛等）等生物活性。近年来研究发现，茶皂素可能还具有降血压的功能。

7. 维生素类与矿物质元素

茶叶中含有多种维生素，分为水溶性维生素（以维生素 B、维生素 C 为主）与脂溶性维生素（以维生素 A、维生素 E 为主）两类。绿茶的维生素含量高于红茶，高级别绿茶中维生素 C 的含量约为 0.5%。春茶的维生素含量高于夏秋茶。研究证明，维生素 C 有很强的还原性，在体内具有抗细胞物质氧化、解毒等功能，还能增强机体抵抗力、促进创口愈合等。茶叶中的维生素 C 与茶多酚之间存在协同作用，在正常饮食情况下，每天饮用高级别绿茶 3~4 杯可基本满足人体对维生素 C 的需求。B 族维生素对癞皮病、消化系统疾病、眼病等有显著疗效。

茶叶中还含有多种矿物质，其中磷与钾含量最高，其次为钙、镁、铁、锰、铝，微量成分有铜、锌、钠、硫、氟、硒等，大多数矿物质对人体健康是有益的。

其中，氟对预防龋齿和防治老年人骨质疏松有明显效果；硒能刺激免疫球蛋白及抗体的产生，增强人体对疾病的抵抗力，可防治某些地方病，如克山病的发生，并对治疗冠心病有效，还能抑制癌细胞的发生与发展；锌可增强抗病能力及益智；铁和铜都与人体的造血功能有关。

二、茶叶的保健功能

茶叶作为一种天然饮品，不仅具有独特的风味和文化内涵，还因其丰富的活性成分被广泛研究，被认为具有多种保健功能。

（一）抗氧化功能

1. 自由基清除

茶叶中的茶多酚是主要的抗氧化成分。茶多酚包括儿茶素、黄酮类、花青素等多种化合物。儿茶素能够有效清除体内的自由基，自由基是人体在新陈代谢过程中产生的一些具有强氧化性的分子，它们会攻击细胞的生物膜、DNA 等重要分子，导致细胞损伤、衰老和多种疾病的发生。在体外实验中，儿茶素可以与自由基发生反应，使自由基失去活性。其抗氧化能力比一些已知的抗氧化剂如维生素 C 和维生素 E 还要强。

2. 延缓衰老

由于茶叶具有的抗氧化作用，茶叶能够延缓人体的衰老过程。经常饮茶，可以减少自由基对细胞的损害，维持细胞的完整性和功能。从中医角度看，茶叶中的成分也有助于滋阴润燥、生津止渴，对维持人体的阴阳平衡，进而延缓衰老有一定的辅助作用。

（二）提神醒脑

1. 咖啡因的作用

茶叶中含有咖啡因（也称为咖啡碱）。咖啡因能够刺激中枢神经系统，使人感觉精神振奋。当摄入咖啡因后，它会阻断大脑中的腺苷受体。腺苷是一种会让人产生疲劳感的神经调节物质，咖啡因与腺苷受体结合后，就会减少疲劳感，提高警觉性和注意力。很多人在清晨或感觉困倦时喝一杯茶，就可以快速提神，提高工作效率。

2. 茶氨酸的作用

茶叶中的茶氨酸也能起到一定的提神作用。茶氨酸可以影响大脑中的神经递质，如多巴胺和血清素的水平。它能促进多巴胺的释放，多巴胺是一种与愉悦感和动力相关的神经递质，从而使人产生轻松、愉悦的情绪，同时也有助于提神。

（三）促进消化

1. 对消化液分泌的刺激

茶叶中的成分可以刺激胃液和胰液等消化液的分泌。胃液中含有胃酸和胃蛋白酶，能够帮助分解食物中的蛋白质；胰液含有多种消化酶，可以分解碳水化合物、脂肪和蛋白质。在进食油腻食物后喝一杯茶，有助于促进油脂的消化，因为茶叶中的成分能够使胰液中的脂肪酶活性增强，更好地分解脂肪。

2. 帮助肠道蠕动

茶叶中的咖啡因等成分还可以刺激肠道平滑肌，促进肠道蠕动。这对于缓解便秘有一定的作用，加快肠道内食物残渣的排出，减少毒素在肠道内的停留时间。

（四）心血管保健

1. 降低血脂

茶多酚等成分能够降低血液中的胆固醇和甘油三酯水平。它可以抑制肠道对胆固醇的吸收，并且促进胆固醇的排泄。同时，茶多酚还可以调节脂肪代谢相关的酶的活性，使甘油三酯的合成减少，分解增加。长期饮用绿茶可以使血液中的低密度脂蛋白胆固醇（被称为“坏胆固醇”）水平降低，高密度脂蛋白胆固醇（被称为“好胆固醇”）水平升高。

2. 预防心血管疾病

由于茶叶的抗氧化和降血脂作用，它可以预防动脉粥样硬化。动脉粥样硬化是心血管疾病的重要发病机制之一，当血液中的脂质在血管壁上沉积，形成粥样斑块，就会导致血管狭窄，增加血栓形成的风险。茶叶中的成分还可以改善血管内皮功能，使血管保持弹性，降低血压升高的风险，从而降低冠心病、心肌梗死和脑卒中等心血管疾病的发病率。

（五）增强免疫功能

1. 调节免疫细胞活性

茶叶中的多种成分可以调节免疫细胞的活性。例如，茶多酚能够刺激淋巴细胞的增殖和分化，淋巴细胞是人体免疫系统的重要组成部分，包括 T 细胞和 B 细胞等。T 细胞主要负责细胞免疫，B 细胞主要负责体液免疫。当免疫细胞活性增强后，人体对病原体（如细菌、病毒等）的抵抗力就会提高，能够更有效地识别和清除入侵的病原体。

2. 抗炎作用

茶叶中的成分还具有抗炎作用。炎症是人体免疫系统对损伤或病原体的一种反应防御，但过度的炎症反应会对组织造成损害。茶多酚等成分能够抑制炎症因子的产生，如白细胞介素-6（IL-6）、肿瘤坏死因子-α（TNF-α）等，从而减轻炎症反应，对于一些炎症相关疾病（如类风湿性关节炎等）的预防和辅助治疗有积极作用。

茶叶的保健功能已得到大量科学研究的支持，但其效果受饮用量、体质、茶类选择等因素影响。合理饮茶可融入健康生活方式，但不可替代药物治疗。未来研究需进一步明确剂量效应及特定疾病的临床作用机制。

第三节　科学饮茶与健康养生

学习饮茶养生之道，首先要能够正确地选择茶叶。一是要根据季节、气候、个人喜好、体质等来选择相应的茶叶；二是在选购时还应注意尽量选择品质优良同时又安全卫生的茶叶产品，如绿色食品茶或天然有机茶。

生产绿色食品茶的生产单位，必须经申报获得国家绿色食品管理机构批准，在生产全过程进行严格的环境控制，制定生产产品标准，按标准进行生产和控制，保证最终的上市产品符合绿色食品的要求，并在产品包装上标示“绿色食品”标志字样。天然有机茶是指在无任何污染的茶叶产地，按有机农业生产体系和方法生产出的鲜叶原料，在加工、包装、储运过程中不受任何化学物品污染，并经有机茶认证机构审查颁证的茶叶。

一、饮茶基本知识

喝茶是一门学问，会喝茶才能喝出健康来。了解一些正确饮茶知识可以帮助人们科学饮茶。

（一）根据不同的茶叶特性选茶

不同的茶有着不同的特性，应依据不同的茶叶特性来选茶。茶可以分为凉性和温性，按照加工工艺不同，我们把六大茶类分成不同特性的茶，如绿茶、白茶、黄茶属于凉性的茶类，乌龙茶属于中性的茶类，红茶和黑茶属于温性的茶类。

（二）根据不同的人群选茶

一般来说，初始饮茶或平日不大饮茶的人，最好品尝清香醇和的名优绿茶，如西湖龙井、黄山毛峰、信阳毛尖、庐山云雾等；有饮茶习惯、嗜好清淡口味的人，可以选择高档烘青和一些地方优质茶，如蒙顶黄芽、君山银针、霍山黄芽、太平猴魁等；喜欢茶味浓醇的人，则以半发酵的乌龙茶为佳，如铁观音、武夷岩茶。

（三）根据不同体质选择茶叶

茶虽是保健饮料，但由于各人的体质不同，习惯有别，因此每个人更适合喝哪种茶，要因人而异。比如，平时喝茶觉得胃会隐隐作痛或睡眠不好的人，就不宜选择绿茶和轻发酵的乌龙茶，因为这些茶性偏寒，对脾胃虚寒者不利，宜饮用红茶和普洱茶。

（四）根据不同季节选茶

一年四季，气候变化不一，不但寒暑有别，而且干湿各异，在这种情况下，人的生理需求是各不相同的。因此，从人的生理需求出发，结合茶的品性特点，最好能做到四季选择不同的茶叶饮用，使饮茶达到更高的境界。

春季，严冬已经过去，气温回暖，大地回春，这时宜饮些清香四溢的花茶，一则可以祛寒除邪，二则有助于理郁，去除胸中郁气，促进人体阳刚之气回升。夏天，天气炎热，饮上一杯清莹碧翠的绿茶，可给人清凉之感，还能起到降暑之效。秋天，天高气爽，饮上一杯属性平和的乌龙茶，不凉不热，取红、绿两种茶的功效，既能消除盛夏灼热，又能恢复津液和神气。冬天，天气寒冷，饮杯味甘性温的红茶，或者将它调制成奶茶，可以起到生热暖胃之效，也可以增强人体对寒冷的抗御能力。此外，冬季人们的食欲增强，进食油腻食品增多，饮用普洱茶可以去油腻、开胃口、助养生。

（五）食物结构与茶类的选择

我国西藏、内蒙古等民族地区习惯饮用砖茶，这与他们的食物结构和历史文化都有关。他们“宁可三日无粮，不可一日无茶”。至于为什么选用砖茶，这与砖茶的便于保存，价格相对较低，又适合在茶壶内慢慢烹煮及制成酥油茶的饮茶习惯有关。英国等西方国家有喝奶茶的传统习惯，一般选用红茶调配奶茶。

二、饮茶误区

养成良好的饮茶习惯之前，我们首先要对饮茶误区有所了解。

（一）茶治百病

在实践中，人们发现茶能解毒，但解毒功效并不强，只能应对一些毒性小的情况；茶能治病，但只能治一些小毛病。茶的药理研究证明，与其说茶能治病，不如说茶能防病。“治”与“防”是两个概念。而且，茶的防病功能也只限于一定范围，只对某些疾病有预防作用。鼓吹“茶治百病”，错误在于偷换了“防”与“治”的概念，同时夸大了茶的作用。因此，不管哪一种茶，由于所含的药理成分基本相同，防病的功效也大致相同，根本不存在某类茶防治功能特别强的情况。当然，不同的茶，茶性有差别，如绿茶、白茶性寒凉，红茶、岩茶性温和，对不同的人所产生的作用也有差别。尽管如此，各类茶在基本功能方面都大致相同。

（二）越陈越香

“越陈越香”的说法，是近年来针对普洱茶提出来的。有的人还引申开来，说茶叶“越陈越好”。实际上，只要稍加理性思考，就会发现这种简单划一的观点既不符合事实，也缺乏逻辑。可以存放的茶除了普洱茶外，还有岩茶、白茶、红茶等。在适宜的保存环境下，在一定的时间内，这些茶不但不会变质，而且还有可能变得更好喝。但是究竟在多长时间内茶的品质能保持不变？根据品赏经验和现在所见的茶叶，普洱有百年的，岩茶、红茶、白茶有 50 年的。经历这些年份的茶叶可以喝，但其品质已发生变化，都有陈年老味了，香气味道实在难得一提。当然，有人会将“陈味”雅称为“书卷气”，说白了，就是古书的气息。所以，简单的“越陈越香”无法概括千变万化的茶叶，事实上，也根本不存在“越陈越好”。

（三）越早越好

这种观点主要是在绿茶圈内流行。很多人认为绿茶要抢早，最好是明前茶，也就是清明节前采摘的茶叶。从科学的角度来看，“越早越好”要做具体分析。根据专家的分析研究，一般来说，内含物最好的绿茶并非在明前，而是在清明后至谷雨前之间。原因很简单，明前的茶芽虽然萌发得早，但是芽头细小，太幼嫩，内质含量单薄。而清明后至谷雨间的茶芽比较成熟，内质含量较为丰富。而从感官审评的角度来看，明前茶无论香气、滋味都不及稍迟一些的雨前茶。当然，明前茶同样具有自身优势。明前茶芽叶细嫩，色清香绝，产量很少，物以稀为贵，因此成为茶中上品，也成为追捧的佳品。但是，不要让“越早越好”的言论误导。科学的饮茶原则不是赶“早”而是赶“好”。

三、饮茶禁忌

茶叶虽是健康饮料，但与其他任何饮料一样，也是饮之有度，过量有害。明代许次纾在《茶疏》中说：“茶宜常饮，不宜多饮。常饮则心肺清凉，烦郁顿释。多饮则微伤脾肾，或泄或寒。”这说明饮茶必须适量。喝茶过多，特别是暴饮浓茶，对身体健康不但无益反而有害。

根据人体对茶叶中药效成分和营养成分的合理需求，以及考虑到人体对水分的需求，成年人饮茶量以每天泡饮干茶 5~15 克、8~10 杯为宜。喝茶并不是“多多益善”，如过度饮浓茶，茶中的生物碱将使人体中枢神经过于兴奋，心跳加快，增加心、肾负担，晚上饮茶还会影响睡眠。而且，高浓度的咖啡因和多酚类物质会对肠胃产生刺激，抑制胃液分泌，影响消化功能。

合理的饮茶量只限于对普通人群每天用茶总量的建议，具体还须考虑人的年龄、饮茶习惯、所处生活环境、气候状况、本人健康状况等。例如，运动量大、营养消耗多、进食量大或是以肉类为主食的人群，可增加每天饮茶量；而身体虚弱或患有神经衰弱、缺铁性贫血、心率过高等疾病的人，一般应饮淡茶或少饮甚至不饮茶。

饮茶时茶汤的温度也要特别注意，一般情况下饮茶提倡热饮或温饮，避免烫饮。因为过热的茶水不但会烫伤口腔、咽喉及食道黏膜，长期的高温刺激还是口腔和食道肿瘤的发病诱因，所以，茶水温度过高是有害的，建议人们饮用水温为 50～60℃ 的茶水。

下篇
茶艺技能实训

模块一

行茶礼仪与茶事服务

实践目标：了解茶艺师仪容仪表要求，掌握正确的茶艺服务礼节，以良好的职业形象展示茶艺师的精神风貌。

实践准备：形体镜、化妆箱、实操场地。

实践形式：实操训练。

实践课时：6 课时。

实践指导：教师带领学生进行服饰、面容、发型、化妆及茶艺服务姿态训练，教师示范，学生反复练习。

实践效果：让茶艺师能拥有较好的仪容仪表及正确优美的茶艺服务姿态，不仅能增强其自身自豪感和自信心，而且也体现出对客人的尊重，从而提升茶艺师的整体形象。

任务一　茶艺师的仪容仪表

一、茶艺师的着装

在泡茶过程中，服装颜色、式样与茶具环境要协调一致，符合品茗环境。如果茶艺师非常细心，又有足够的精力，还会考虑季节与场合的变化。春天到来，穿浅色衣服；寒冷的冬天，穿看起来温暖的深色衣服等，都是合适的选择。

茶艺师的服装不宜太鲜艳，要与环境、茶具相匹配，品茶需要一个安静的环境、平和的心态。如果茶艺师服装颜色太鲜艳，会破坏和谐、优雅的气氛，使人产生浮躁不安的感觉。另外，服装式样以中式为宜。袖口不宜过宽，否则会沾到茶具上或是给人一种不卫生的感觉。服装要经常清洗，保持整洁。

二、茶艺师的发型

茶艺师的发型要求与其他岗位有一些区别。茶艺师的头发应梳洗干净、整齐，而且头部向前倾时，避免头发散落到前面来，这样会影响操作，挡住视线。泡茶时，如果有头发掉落到茶具或操作台上，客人会感觉很不卫生。如果是长发，泡茶时要将头发束起，否则将会影响操作。发型原则上要根据自己的脸型进行设计，要适合自己的气质，给人一种舒适、整洁、大方的感觉，不论头发长短，都要按泡茶时的要求进行梳理。

三、茶艺师的面容

在进行茶艺表演时，脸部的妆容不要太浓，也不要喷气味刺鼻的香水，否则茶香会被破坏，影响品茶时的感觉。为客人泡茶时，可化淡妆。面部平时要注意护理、保养，保持清新健康的肤色。在为客人泡茶时，面部表情要平和放松，面带微笑。

1. 茶艺师日常职业妆操作步骤

（1）上妆步骤：清洁→爽肤水→乳液→眼霜→面霜→隔离霜→粉底液→遮瑕霜→粉饼→眼影→眼线→眉毛→腮红→散粉定妆→睫毛膏→唇彩。

（2）卸妆步骤：眼唇卸妆→面部卸妆→清洁→爽肤水，开始保养或者敷面膜。

2. 茶艺师职业妆操作解析

（1）洁面：用有效的清洁用品彻底清洁皮肤。

（2）护肤：涂抹能改善并保护皮肤的护肤品，如紧肤水或爽肤水、面霜、眼霜。

（3）打粉底：选用接近自己肤色的粉底霜，由上往下，轻压细抹。

（4）扑干粉：扑干粉以定妆，固定粉底，防止脱妆，使整个脸部柔和。

（5）修眉：对眉形做适当的修整后进行画眉，使眉毛均匀、眉形自然。

（6）眼影、眼线：眼影要柔和淡雅，过渡自然。眼线要紧贴睫毛根，不宜太浓太粗。

（7）涂腮红：将面部两颊均匀地晕染一层淡红色，呈现健康、美丽的效果。

（8）涂口红：先用唇线笔描画，再用唇刷或口红棒涂抹。

任务二　茶艺师服务的姿态训练

一、站姿

优美而典雅的站姿，是体现茶艺服务人员自身素养的一个方面，是体现服务人员仪表美的起点和基础。

站姿的基本要求是：站立时直立站好，从正面看，两脚脚跟相靠，脚尖开度在45~60度。身体重心线应在两脚中间向上穿过脊柱及头部，双腿并拢直立、挺胸、收腹、梗颈。双肩平正，自然放松，双手自然交叉于腹前，双目平视前方，嘴微闭，面带笑容。

二、坐姿

由于茶艺人员在工作中经常要为客人沏泡各种茶，有时需要坐着进行，因此工作人员良好的坐姿也显得尤为重要。正确的坐姿是：做茶时，挺胸、收腹、头正肩平，肩部不能因为操作动作的改变而左右倾斜。双腿并拢。双手不操作时，平放在操作台上，面部表情轻松愉悦，自始至终面带微笑。

三、走姿

人的走姿是一种动态的美，茶艺人员在工作时经常处于行走的状态中。茶艺师由于诸多方面的原因，在生活中形成了各种各样的行走姿态，或多或少地影响了人体的动态美感。因此，要对茶艺师进行正规训练，使他们掌握正确优美的走姿，并将其运用到工作中去。

走姿的基本方法和要求是：上身正直，目光平视，面带微笑；肩部放松，手臂自然前后摆动，手指自然弯曲；行走时身体重心稍向前倾，腹部和臀部要向上提，由大腿带动小腿向前迈进；行走线迹为直线。步速和步幅也是行走姿态的重要要求，茶艺师在行走时要保持一定的步速，不要过急，否则会给客人不安静、急躁的感觉。步幅是每一步前后脚之间的距离大约30厘米，步幅不宜过大，否则会给客人带来不舒服的感觉。总之，正确的站姿、坐姿、走姿是提供良好服务的一个重要环节和基础，也是使客人在品茶的同时，得到感官享受的一个重要方面。

任务三　茶艺服务的常用礼节

茶艺服务的常用礼节如下：

（1）上台站在桌子右侧，脚外八字，左前右后，拢手罩腹，面向评委或客人倾身俯首45度，开场白：我是某某茶艺师，今天为各位评委，演示绿茶的冲泡，请各位点评指正。

（2）端起茶盘左行两步至桌子正中，放好茶盘，动作要轻柔，坐下，面向评委或客人端正坐直。

（3）把托盘中的器具拿出，按顺序取出。

（4）前排物品取出后左2右1，不能挡住茶盘以免妨碍评委或客人观看；茶叶罐正面图案要朝向客人。

（5）左手拿茶匙交给右手，右手放茶匙在茶盘右侧，左手取茶叶罐，手指顶一下打开茶叶罐，茶叶盖放在茶巾上，取适量茶叶放入茶碟，合上茶罐盖子，放好茶叶罐，右手拿茶匙交给左手，放回茶匙至茶道组。

（6）用托盘托举茶碟走向评委或者客人，屈膝轻放茶盘置桌面，将茶盘放置在评委或客人面前，左手置腹前，右手前伸致意，要微笑着说“请赏茶”。

（7）取茶盘斜置身前，正面朝向自己，返回桌前。

（8）将玻璃杯放入茶盘倒扣，坐下，再翻过来，茶杯拿的时候不能拿得太靠上，以示对品茶的客人或者评委的尊重。

（9）温杯用开水冲洗杯子，缓缓转动，温杯时，顺时针方向，倒水入水浴。一共温两个杯，一起倒水，再分别顺时针转动。之后，手握膝盖上，从左到右与评委或客人眼神交流，大约 5 秒钟。

（10）茶匙交给右手，右手放茶匙在茶盘中间，置于两个玻璃杯中间。打开茶叶罐，茶叶盖放在茶巾上，取适量茶叶放入茶杯，茶量以不满茶叶杯底为正常。合上茶罐盖子，放好茶叶罐，右手拿茶匙交给左手，放回茶匙至茶道组。

（11）摇香：取茶壶，倒水 1 公分浸没茶叶（约 1 厘米），左手拿茶巾，右手拿起茶杯放在茶巾上，杯口朝向怀中方向，逆时针摇 3 圈，此为摇香。之后，手握膝盖上，从左到右与评委或客人眼神交流，大约 5 秒钟。

（12）冲泡：取茶壶，以凤凰三点头手法，水流不能断，沏茶至离杯口 1 厘米。

（13）用托盘托举茶杯走向评委或者客人，屈膝轻放茶盘置桌面，将左侧茶杯放置在主评委（面对面正中的）或客人面前，左手置腹前，右手前伸致意，要微笑着说“请品茶”。

（14）把余下杯子放置在茶盘正中，走向另外评委或客人，屈膝轻放茶盘置桌面，将茶杯放置在评委或客人面前，左手置腹前，右手前伸致意，要微笑着说“请品茶”。

（15）取茶盘斜置身前，正面朝向自己，返回桌前。（退开时茶盘斜置身前）。

（16）按顺序收起茶具在茶盘中，依次收回茶具。

（17）起身，站在桌子右侧，脚外八字，左前右后，拢手罩腹，面向评委或客人倾身俯首 45 度起身，微笑着说“我的演示到此结束，谢谢各位”。施礼，拿起托盘，下台，结束演示。

（18）最后再把玻璃杯也收拾好，洗干净放回原处。

模块二 茶叶的识别

实践目标：掌握各类茶的鉴别方式、品饮基本程序。

实践准备：各类茶叶，器皿和茶艺场地。

实践形式：实操训练。

实践课时：4 课时。

实践指导：教师带领学生进行各类茶类的感官训练及茶艺品茶训练，教师示范，学生反复练习。

实践效果：通过正规训练，学生可了解和掌握各类茶叶的审评及品鉴方法，并运用到工作中去。

任务一 茶叶的鉴别方式

茶叶的鉴别方式主要可分为理化审评、感官审评和内质审评三种。

1. 理化审评

理化审评是指由国家茶叶质量监督监测中心作为茶叶的审评机构，用仪器仪表、分析化验等物理化学方法测定，在年检各地方抽样查阅时使用的鉴别方式。

2. 感官审评

感官审评即用手摸、眼看、嘴尝、鼻子嗅等方法来品评茶叶的质量和级别。

干茶的外形，主要从五个方面来看，即嫩度、条索、色泽、整碎度和净度。

（1）嫩度：“干看外形，湿看叶底”，锋苗好，白毫显露，表示嫩度好，做工也好。

（2）条索：各类茶叶都有一定的外形规格。长条形茶的条索比松紧、弯直、壮瘦、圆扁、轻重；扁形茶的条形比规格及糙滑度；圆珠形的茶比颗粒的松紧、匀整、轻重、空实。

（3）色泽：干茶色泽主要从色度和光泽两方面审评。干茶的色度比颜色的深浅，光泽度比润枯、鲜暗、匀杂（颜色的一致性）。

（4）整碎度：整碎度指外形的匀整程度。

（5）净度：净度指茶叶中含夹杂物的程度。（茶类夹杂物：茶梗、茶籽、茶末等；非茶类夹杂物：竹屑、杂草、沙石等。）

3. 内质审评

（1）汤色：汤色指茶叶冲泡后茶汤的颜色。汤色主要从色度、亮度、清浊度三方面去审评。

（2）香气：香气指茶叶冲泡后随水蒸气挥发出来的气味。香气主要从不同茶类具有的香型及香气的纯异、高低、长短去审评。

（3）滋味：审评滋味有纯正的滋味和不纯正的滋味之分。纯正的滋味是正常茶应有的滋味，分浓淡、强弱、鲜、爽、醇和。不纯正指滋味不正或变质，有异味，有苦、涩、粗、异。苦和涩不能一概而论，异味属不正常的滋味，如酸、馊、霉、焦味等。

（4）叶底：叶底指冲泡后剩余的茶渣。叶底的审评主要依靠视觉和触觉，审评叶底的嫩度、色泽、匀度。

任务二　品茶的基本程序

品茶，是一门综合艺术。茶叶没有绝对的好坏之分，完全要看个人喜欢的口味而定。也就是说，各种茶叶都有它的高级品和劣等货。茶中有高级的乌龙茶，也有劣等的乌龙茶；有上等的绿茶，也有下等的绿茶。所谓的好茶、坏茶是就比较品质的等级和主观的喜恶来说的。

目前的品茶用茶，主要集中在两类：一是乌龙茶中的高级茶及其名丛，如铁观音、黄金桂、冻顶乌龙及武夷名丛、凤凰单丛等；二是以绿茶中的细嫩名茶为主，以及白茶、红茶、黄茶中的部分高档名茶。这些高档名茶，有的色、香、味、形兼而有之，它们都在一个因子、两个因子或某一个方面上有独特表现。

一、品茶的内容

一审茶名，二观茶形色泽（干茶、茶汤），三闻茶香（干茶、茶汤），四尝滋味。

审茶名：茶叶的名称是茶文化的一部分。俗话说：茶叶学到老，茶名记不了。茶叶名称的由来有的是出自产地，有的则源于传说，很值得细细品味。

观茶形色泽包括对干茶和茶汤的鉴赏。欣赏干茶，即在选茶后对茶的欣赏，包括茶的产地、传说故事、诗词等名茶文化的内容，也包括茶的外形、色泽、香气等品质特征的鉴赏。观看茶汤色泽。茶汤色泽因茶而异，即使是同一种茶，茶汤色泽也会有所不同。大体上说，绿茶茶汤翠绿清澈，红茶茶汤红艳明亮，乌龙茶茶汤黄亮浓艳。

闻茶香：无盖茶杯是直接闻茶汤飘逸出的香气，如用盖杯、盖碗，则可取盖闻香；温嗅主要评比香气的高低、类型、清浊；冷嗅主要看其香的持久程度。

尝滋味：小口喝茶，细品其味。使茶汤从舌尖到舌两侧再到舌根，可辨绿茶的鲜爽、红茶的浓甘，同时也可在尝味时再体会一下茶的茶气。茶叶中的鲜味物质主要是氨基酸类物质，苦味物质是咖啡因，涩味物质是多酚类，甜味物质是可溶性糖。红茶制造过程中多酚类的氧化产物有茶黄素和茶红素，其中茶黄素是汤味刺激性和鲜爽的重要成分，茶红素是汤味中甜醇的主要因素。当然，品茶时也要注重精神的享受。品茶不光是品尝茶的滋味，还在于了解茶的知识和文化的同时，提高品茶者的自身修养，并增进茶友之间的感情。

二、各类茶的品饮方法

茶类不同，花色不一，其品质特性各不相同，因此，不同的茶，品的侧重点不一样，由此导致品茶方法上的不同。

1. 高级细嫩绿茶的品饮

高级细嫩绿茶，色、香、味、形都别具一格，讨人喜爱。品茶时，可先透过晶莹清亮的茶汤，观赏茶的沉浮、舒展和姿态，再察看茶汁的浸出、渗透和汤色的变幻，然后端起茶杯，先闻其香，再呷上一口，含在口中，慢慢在口舌间来回旋动，如此往复品赏。

2. 乌龙茶的品饮

乌龙茶的品饮，重在闻香和尝味，不重品形。在实践过程中，乌龙茶的品质又有闻香重于品味的（如我国台湾地区），或品味更重于闻香的（如东南亚地区）之分。我国潮汕一带强调热品，即热茶入杯，以拇指和食指按杯沿，中指抵杯底，慢慢由远及近，使杯沿接唇，杯面迎鼻，先闻其香，尔后将茶汤含在口中回旋，徐徐品饮其味，通常三小口见杯底，再嗅留存于杯中的茶香。而我国台湾地区采用的是温品，更侧重于闻香。品饮时先将壶中茶汤趁热倾入公道杯，尔后分注于闻香杯中，再一一倾入对应的小杯内，而闻香杯内壁留存的茶香，正是人们品乌龙茶的精髓所在。品啜时，先将闻香杯置于双手手心间，使闻香杯口对准鼻孔，再用双手慢慢来回搓动闻香杯，使杯中香气尽可能得到最大限度的享用。至于啜茶方式，与潮汕地区无多大差异。

3. 红茶的品饮

红茶，人称迷人之茶。这不仅因其红艳油润的色泽、甘甜醇厚的滋味，还因其全发酵工艺带来的温和特性，适合与多种食材搭配调饮。人们常以红茶调饮，酸的如柠檬，辛的如肉桂，甜的如砂糖，润的如奶酪。

品饮红茶重在领略它的香气、滋味和汤色，所以通常多采用壶泡后再分散入杯。

品饮时，先闻其香，再观其色，然后尝味。饮红茶须在品字上下功夫，缓缓斟饮，细细品味，方可获得品饮红茶的真趣。

4. 花茶的品饮

花茶，融茶之味、花之香于一体，茶为茶汤的本味，花香为茶汤之精神，茶香与花香巧妙地融合，构成茶汤适口、香气芬芳的特有韵味，故而人称花茶是诗一般的茶叶。

花茶常用有盖的白瓷杯或盖碗冲泡，高级细嫩花茶，也可以用玻璃杯冲泡。高级花茶一经冲泡后，可立时观赏茶在水中的飘舞、沉浮、展姿，以及茶汁的渗出和茶泡色泽的变幻。当冲泡 2~3 分钟后，即可用鼻闻香。茶汤稍凉适口时，喝少许茶汤在口中停留，以口吸气、鼻呼气相结合的方法使茶汤在舌面来回流动，品尝茶味和余香。

5. 细嫩白茶与黄茶的品饮

白茶属轻微发酵茶，制作时，通常将鲜叶经萎凋后，直接烘干而成，所以，汤色和滋味均较清淡。黄茶的品质特点是黄汤黄叶，通常制作时轻揉捻，因此，茶汁很难浸出。

由于白茶和黄茶，特别是白茶中的白毫银针，黄茶中的君山银针，具有极高的欣赏价值，因此是以观赏为主的一种茶品。当然悠悠的清雅茶香，淡淡的澄黄茶色，微微的甘醇滋味，也是品赏的重要内容。所以在品饮前，可先观干茶，它似银针落盘，如松针铺地，再用直筒无花纹的玻璃杯以 70℃ 的开水冲泡，观赏茶芽在杯水中上下浮动，最终个个林立的过程，接着，闻香观色。通常要在冲泡后 10 分钟左右才开始尝味。这些茶特重观赏，其品饮的方法带有一定的特殊性。

模块三

绿茶及绿茶茶艺

实践目标：了解绿茶的颜色、香味、性质等特性。

实践准备：玻璃直筒杯等茶具、各类代表绿茶。

实践形式：实操训练。

实践课时：4 课时。

实践指导：教师带领学生对所展示绿茶的茶叶品性进行了解。

实践效果：通过实训，学生可了解中国具有代表性的绿茶品种，掌握绿茶的冲泡和品鉴方法并运用到工作中去。

任务一　绿茶概述

绿茶类属不发酵茶。绿茶形态自然、色泽鲜绿，采摘时取茶树的新叶或芽，经杀青、整形、烘干等工艺制作而成，保留了鲜叶的天然物质；茶叶尖而细，表面光滑；开白色花，花朵较小，呈多边形；花期为 10 月至次年 2 月。绿茶因其干茶呈绿色、冲泡后的茶汤呈碧绿、叶底呈翠绿色而得名。

绿茶原产于中国，在河南、贵州、浙江等地广泛分布，也分布于日本、泰国、朝鲜、韩国等国。绿茶喜湿润、温暖的环境，不耐阳光、高温、湿气，种植时以肥沃疏松的微酸性土壤为宜。绿茶的繁殖方法主要有播种繁殖和扦插繁殖，一般采用扦插繁殖。

《雷公炮制药性解》中记载绿茶："绿茶，性微寒，味苦、甘。"绿茶具有收敛、利尿、提神的功效，用于治疗神疲多眠、头痛目昏、烦渴、小便不利、酒毒等病症。

绿茶是中国历史上出现最早的茶类，有着悠久的生产历史；唐代时期中国已流行用蒸青法制造绿茶，后蒸青法传入日本，并被许多国家所采用；明代时期，发明了炒青茶制造绿茶。绿茶香高味长、品质优异，且造型独特，具有较高的艺术欣赏价值。绿茶是中国产量最高的茶类，也是品种最丰富、名茶最多的茶类，经济价值较高。

任务二　绿茶的制作工艺

绿茶的初制工艺是由鲜叶摊放、杀青、揉捻、干燥组成的。绿茶精加工是由筛分、切细、风选、挑剔、干燥、车色、匀堆等组成的。

一、鲜叶摊放萎凋

鲜叶离开茶树后还有生命力，不断进行生命活动，边呼吸边放出热量，在适当的摊放时间内，随着水分的散发，鲜叶内叶绿素发生变化，色泽变深，叶质变软，可塑性增加，便于茶叶造型。同时，鲜叶中的蛋白质、碳水化合物、茶多酚或水解，或氧化，使鲜叶品质朝有利方向发展。如果鲜叶不摊放，鲜叶就从有氧呼吸转为无氧呼吸，鲜叶内糖分转化为醇类，产生酒精味。鲜叶也会释放氮，产生臭味，致使茶叶腐败、变质。鲜叶摊放一定要在通风的地方，有时茶叶采摘量大，无法正常摊放时，摊放厚度可稍厚一些，但必须采用机器通风。

二、杀青

杀青是绿茶加工的关键工序。杀青过程即采取高温措施，散发叶内水分，破坏酶的活性，阻止多酚类的氧化，并使鲜叶内含物产生一定的化学反应，此工序为绿茶品质的形成奠定基础。目前，我国绿茶除少数高级名茶采用手工杀青外，大多采用机械杀青。常用的杀青方式有：炒青、蒸青、烘青、晒青。

三、揉捻

茶叶通过揉捻达到两个目的：一是使芽叶形成条索；二是让叶细胞组织破碎。这两个作用是在外力作用下同时进行的。茶叶细胞破碎后，汁液溢出表面，只有在已成形的茶叶经过干燥后冲泡才能泡出颜色和滋味。所以揉捻是制作绿茶必需的加工工序。根据茶叶是否经过摊凉后再揉捻，分为冷揉和热揉两种。一般嫩叶宜冷揉，老叶宜热揉，这样有利于揉成条索，减少末茶。颗粒绿茶的揉捻多采用冷揉，热揉对茶叶品质无明显影响。目前除了部分名茶采用手工揉捻之外，绝大多数的茶叶揉捻采用机器揉捻。

四、干燥

干燥是绿茶加工的最后一道工序。茶叶干燥不同于一般物料的干燥，其不仅是去除水分，而且还会发生一系列的热化学反应，形成茶叶特有的色、香、味、形。干燥过程中，温度要先高后低。要使干燥达到预期目的，必须分阶段进行，不同阶段的温度也不一样。一般分为三个阶段：

第一阶段：以蒸发水分和制止前工序的化学变化为主，应提高温度。

第二阶段：叶片可塑性较强，最容易变形，因而是做形的关键阶段。

第三阶段：将茶叶含水量下降到5%~8%，是形成茶叶香味品质的重要阶段。叶温的高低与香气类型的形成密切相关，在叶温正常变化范围内，高温产生老火香味，中温产生熟香味，低温产生清香味。

任务三　绿茶的分类及代表名品

一、绿茶的分类

根据杀青和干燥方法的不同，绿茶主要分为炒青绿茶、烘青绿茶、晒青绿茶、蒸青绿茶。

（1）炒青绿茶：以锅炒方式杀青，具有清香、味鲜、汤色绿亮的特征，代表品种有西湖龙井、碧螺春等。

（2）烘青绿茶：以烘焙方式干燥，口感较为醇厚，香气独特，代表品种有大叶种绿茶、小叶种绿茶等。

（3）晒青绿茶：利用日晒方式干燥，具有浓厚的晒青味，代表品种有六安瓜片、太平猴魁等。

（4）蒸青绿茶：采用蒸气杀青，口感鲜爽，汤色清澈，代表品种有恩施玉露、黄山毛峰等。

二、代表名品

绿茶名品代表有西湖龙井、黄山毛峰、信阳毛尖、洞庭碧螺春、六安瓜片、安吉白茶。

（1）西湖龙井：产于浙江省杭州市西湖一带，以其扁平光滑的外形和清香爽口的口感著称。

（2）黄山毛峰：产自安徽省黄山、歙县、休宁一带，以其独特的“香高、味醇、汤清、色润”而闻名。

（3）信阳毛尖：河南省著名特产，以其细、圆、光、直、多白毫的风格和浓郁的熟板栗香气为特点。

（4）洞庭碧螺春：产于江苏省苏州市太湖洞庭山，以其形美、色艳、香浓、味醇而著名。

（5）六安瓜片：产自安徽省六安、金寨、霍山等地，以其瓜子形单片叶和平展匀整的外形以及醇正回甘的口感著称。

（6）安吉白茶：产于浙江省，以其翠绿的色泽和鲜爽的口感为特点。

这些绿茶品种各具特色，从产地到口感都有所不同，满足了不同消费者的需求和口味偏好。

任务四　绿茶的冲泡及品鉴

一、冲泡前的准备

（一）冲泡绿茶茶具的配置

绿茶普遍具有色形俱佳的特点，为了便于冲泡者欣赏绿茶这些特点，在冲泡中一般采用透明玻璃杯、水晶杯最佳。在茶艺馆中亦可采用盖碗茶杯冲泡。采用茶具不宜太大，因为水量过多，散热慢，会导致茶叶在杯中变软、熟透，产生“熟汤味”。

（二）泡茶用水的选择

一般冲泡绿茶最好的水是茶叶生产地的泉水，因为同处一地，水性和茶性相近，能够突出茶的品质。在日常生活中，使用泉水泡茶不太现实，采用无污染的活水即可。在无自来水的地区，除有较好的井水、泉水、溪水等水源外均需进行处理。在有自来水的地区，用符合生活用水水质标准的自来水，如能安装一个净水器则更好。

（三）泡茶的水温

茶水的温度越高，茶叶的水浸出物溶解得也越多。泡茶水温分为专业评茶水温和日常品茶水温两种。专业评茶用水的温度应该达到沸滚起泡的程度，沸滚过度和水温不到 100℃的不能达到评茶的良好效果。日常品茶要考虑入口的滋味和口感，所以水温不宜过高。具体水温根据茶叶的品性来定，一般名优绿茶由于原材料采摘细嫩，所以水温宜控制在 80℃左右，以保证茶汤的色泽和滋味。随着茶叶品质降低，叶片也越老，因此对水温的要求也就越高。

二、冲泡要点

（一）冲泡的水温及茶水比例

绿茶冲泡水温大概在 80℃，茶水比例不同，茶汤香气的高低和滋味的浓淡也各有不同。日常品茶中，茶水过多，气味就显得淡薄；茶水过少，则茶汤显得苦涩。一般冲泡绿茶的茶水比例为1∶50或1∶60。日常绿茶的投茶量一般为3~4克，所以将水控制在150~200毫升即可。此外，泡茶用水可根据饮茶人各自的喜好、年龄、性别来定，不必过分拘泥于上述标准。

（二）冲泡次数

在冲泡中，如果将每次的茶汤与茶叶完全分离，一般第一次冲泡茶的浸出物在50%以上，第二次为30%，第三次为10%，第四次则与白开水无异。品质优异的名优绿茶，所采用的鲜叶为春季茶芽或一芽一二叶，叶质鲜嫩，一般只能冲泡1~2次，大宗绿茶可以冲泡2~3次。日常品茶中，建议每杯喝至1/3~1/2时续水，这样可以保证茶叶的鲜味不变，切忌饮完才续。

（三）冲泡时间

冲泡品饮绿茶以前三次冲泡为最佳，至第三泡之后滋味已经开始变淡。首先用水烫杯，起到温杯和洁具的作用。然后注水半杯即可，此为润茶，30~45秒后，用水高冲；在水沉激荡下，可以使茶叶更加清香可口。

任何茶叶都不宜在茶水中浸泡太久，因为除了茶汤变得没有滋味之外，茶中所含芳香物质、醛、多酚等营养物质也会自动氧化，会在浸泡中分泌出有害物质，长饮会对身体带来一定的伤害。所以建议喝绿茶的人要上午下午各泡一杯。

三、绿茶的冲泡流程

（一）绿茶的冲泡方法

1. 玻璃杯冲泡法

不同的茶叶由于加工方法、外形、选材等不同，在投茶的时候也应选用不同的方法。一般玻璃杯冲泡法使用下投法、中投法和上投法三种。

（1）下投法。下投法指的是在冲泡茶叶时，先将茶叶拨入玻璃杯中，用85℃左右的开水加入其中大约1/3处的热水润泽干茶，继而将热水注入至七成的方法。这种冲泡方法适用于那些炒制时间稍长、外形扁平光滑、茶形松散、不易下沉的绿茶，典型代表是西湖龙井。

（2）中投法。中投法是指在冲泡茶叶时，先将热水注入杯中三四成满，然后将茶叶拨入杯中，通过摇杯加快茶叶吸收水分，从而提升温度和湿度，进而将热水注至七成的方法。这种方法一般适用于外形纤细、不易下沉的条形茶，典型代表是毛峰类茶叶。

（3）上投法。上投法是指在冲泡茶叶时，先将热水注入玻璃杯中至七成满，再将茶叶拨入杯中的冲泡方法。这种冲泡方法一般适用于外形紧结密实、容易下沉的茶叶，典型代表是碧螺春。

2. 盖碗冲泡法

在现在的茶艺馆中，有专门的茶艺师给客人冲泡绿茶，此时除了玻璃杯冲泡法之外，亦可采用盖碗冲泡法，即将每杯茶水冲泡好之后，将一半注入公道杯中，再逐杯注入客人面前的品茗杯中即可。此种冲泡方法要注意两点：一是不能将盖碗中的茶汤完全泌出；二是要注意续水和出汤的时机。

3. 壶泡法

大宗绿茶所采用的原料比较粗老，采摘时间也比较靠后，所以其色、香、味、形都比较逊色，基本不具备欣赏价值。所以大宗绿茶一般都采用壶泡法。在茶叶界一直有一个“嫩茶杯泡、老茶壶泡”的说法。

（二）绿茶冲泡流程示范

下面以玻璃直筒杯下投法来演示绿茶竹叶青的冲泡程序。

（1）准备茶叶和茶具。

选用透明的玻璃直筒杯，绿茶竹叶青采用下投法来冲泡（见图 M3-1）。

（a）

（b）

图 M3-1　准备茶叶和茶具

（2）温器。

采用回旋斟水法，将开水倒入玻璃杯以提高杯子的温度，轻轻晃动玻璃杯，使杯子均匀受热，并将杯中水倒出，如图 M3-2 所示。

图 M3-2　温器

（3）投茶。

用茶匙轻轻拨取茶叶，均匀地投入玻璃杯中，如图 M3-3 所示。

图 M3-3 投茶

（4）润茶。

等水凉到 85℃左右，向玻璃杯中注入 1/3 杯开水，轻轻摇晃玻璃杯，使茶叶和水充分融合，如图 M3-4 所示。

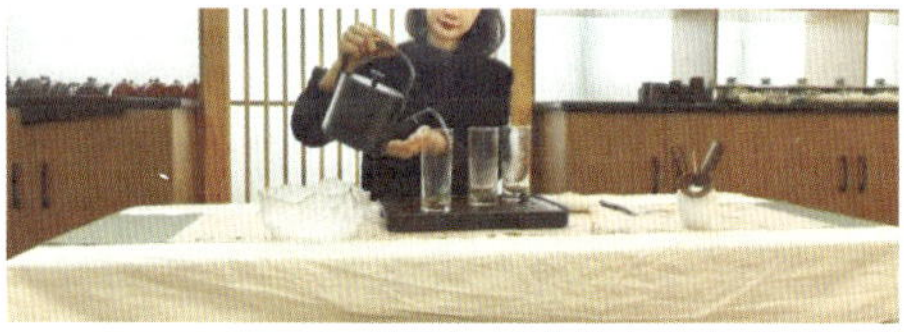

(a)

(b)

图 M3-4 润茶

（5）高冲水。

再次提壶向杯中注入开水，静置一分钟，看茶叶慢慢舒展开来，如图 M3-5 所示。

图 M3-5 高冲水

(6) 奉茶。

左手托杯底，右手握住杯身中上部，给客人奉茶，如图 M3-6 所示。

(a)

(b)

图 M3-6

(7) 闻香。

将玻璃杯从左向右滑动以闻茶香。

(8) 品饮。

饮茶，品味茶汤鲜雅，回味甘甜。

四、绿茶的品鉴

(一) 绿茶的品饮

一杯好茶在手，通常从三个方面去欣赏：一是观色，二是闻香，三是品味。不同的茶类在欣赏方法上也不相同。

绿茶冲泡后的最大特点是茶叶条索舒展，茶汤碧绿。为了能更好地观察茶叶在水中的变化，透明度佳的玻璃杯是冲泡绿茶的首选。名贵绿茶，绿芽入水后在水中舒展游动，上下翻滚，少顷便徐徐沉入水中，或直立而下，或曲折徘徊，姿态婀娜。透过玻璃杯，这一系列"绿茶舞"都可尽收眼底，极具情趣。冲泡后，可端杯（碗）闻香，此时，汤面冉冉上升的雾气中夹杂着缕缕茶香，犹如云蒸霞蔚，使人心旷神怡。接着是观察茶汤颜色，或黄绿碧清，或淡绿微黄，或乳白微绿。隔杯对着阳光透视茶汤，还可见到微细茸毫在水中游弋，闪闪发光，此乃细嫩名优绿茶的一大特色。尔后，端杯小口品啜，尝茶汤滋味，缓慢吞咽，让茶汤与舌头味蕾充分接触，则可领略到名贵绿茶的风味；若舌和鼻并用，还可从茶汤中品出嫩茶的香气，有沁人心脾之感。品尝头开茶，重在品尝名优绿茶的鲜味和茶香；品尝二开茶，重在品尝名优绿茶的回味和甘醇；至于三开茶，一般茶叶已淡，也无更多要求，能尝到茶味就算可以了。

品茶的方法是，把茶汤吸入口中后，舌尖顶住上层齿根，嘴唇微微张开，舌稍向上抬，让茶汤摊在舌的中部，再用腹部呼吸，从口慢慢吸入空气，使茶汤在舌上微微滚动。连续吸气两口后，辨出滋味。

(二) 绿茶的评审

茶叶的品质由茶叶的外形和内质两个方面组成。外形主要包括条索、整碎度、净度和色泽；内质主要包括香气、滋味、汤色和叶底。

绿茶的鉴赏以西湖龙井为例，重点把握以下几点：

（1）外形：扁平挺秀，光滑匀齐。

（2）色泽：绿中显黄，俗称“糙米色”。

（3）香气：清香若兰。

（4）滋味：甘醇鲜美。

（5）汤色：碧绿明亮。

（6）叶底：嫩绿。

【情境实训与习题】

一、情境实训

结合所学知识，练习绿茶的冲泡方法。选择一种绿茶进行独立冲泡，并拍摄冲泡过程视频作为课后考核作业。

二、习题

1. 绿茶原料的标准要求有哪些？

2. 绿茶按照杀青方法的不同，可以分为哪几类？各类的代表名品茶叶有哪些？

3. 绿茶一般采用哪些冲泡方法？

模块四　红茶及红茶茶艺

实践目标：了解红茶的颜色、香味、汤色和性质等特性。

实践准备：冲泡红茶的茶具、红茶代表茶样。

实践形式：实操训练。

实践课时：4 课时。

实践指导：教师带领学生对所展示红茶的茶叶品性进行了解。

实践效果：通过实训，学生可了解和掌握红茶的品鉴方法和中国具有代表性的红茶品种，并运用到工作中去。

任务一　红茶概述

“红茶”一词最早见于《多能鄙事》一书。该书成书于 16 世纪，由此可推测早在 17 世纪已开始制造红茶。现知最早生产的红茶是福建崇安的小种红茶。18 世纪中期创制了工夫红茶，其加工工艺更加精细。19 世纪 90 年代，中国的工夫红茶成为国际茶叶市场的主要品种。由于茶叶贸易的可观利润，荷兰、英国开始在其殖民地印度、斯里兰卡等地引种茶树并生产红茶。至 19 世纪末，印度开始以机械制茶，研制成红碎茶，从此红碎茶成为国际茶叶市场的主力军，占世界红茶产销总量的 90%以上。

最负盛名的红茶有四种：一是祁门红茶，简称祁红，产于我国安徽西南部黄山支脉区的祁门县一带。当地的茶树品种高产质优，植于肥沃的红黄土壤中，而且气候温和、雨水充足、日照适度，所以生叶柔嫩且内含水溶性物质丰富，尤以8 月份所采收的品质最佳。祁红外形条索紧细匀整，锋苗秀丽，色泽乌润（俗称“宝光”）；内质清芳并带有蜜糖香味，上品茶更蕴含着兰花香（号称“祁门香”），馥郁持久；汤色红艳明亮，滋味甘鲜醇厚，叶底（泡过的茶渣）红亮。清饮最能品味祁红的隽永香气，即使添加鲜奶亦不失其香醇。二是阿萨姆红茶，产于印度东北部喜马拉雅山南麓的阿萨姆。其外形细扁，色泽深褐，汤色深红稍褐，滋味浓醇，带淡淡麦芽香、玫瑰香。因茶单宁含量高而涩味重，冷却后茶汤浑浊，所以是冬季加奶热饮首选。三是大吉岭红茶，产于印度大吉岭高原。当地常年云雾弥漫，产于5~6月的FOP红茶被誉为“红茶中的香槟”，其汤色橙黄，口感细致柔和，上品带葡萄香，最宜清饮。四是锡兰高地红茶，产于斯里兰卡的山岳地带，通常为碎茶，色泽赤褐，汤色橙红明亮，上品茶汤表面呈金黄色光泽，滋味醇厚，回味甘甜，风味独特，具有薄荷、铃兰香，既宜清饮，又可添加奶、柠檬、薄荷、肉桂等制成加味茶。

红茶属全发酵茶，水色和叶底均为红色，故而得名。我国红茶有小种红茶、工夫红茶、红碎茶三种，目前以生产工夫红茶为主，小种红茶数量较少，红碎茶的产销量随我国对外贸易的不断发展而增长。工夫红茶的品质特点主要表现为：外形条索紧结匀直，色泽乌润或棕润，毫金黄；内质香气馥郁，滋味甜醇，汤色红亮，叶底红明。红碎茶外形匀整，粒型较小，净度好；内质汤色红艳，滋味浓强鲜爽，入口甘醇爽滑，香气高锐持久。近年来，国内研制开发了新派红茶金骏眉、信阳红等。红茶是我国生产和出口的主要茶叶种类之一。

任务二　红茶的制作工艺

一、红茶加工原理

红茶加工的基本原理是在揉捻和发酵中利用酶促氧化反应，使茶叶中的叶绿素的氧化降解及儿茶素减少80%以上，通过多酚类化合物的氧化聚合，生成茶黄素、茶红素等有色物质，形成红叶红汤的基本色泽。其激烈的化学变化使其具有特别鲜爽和强烈的滋味和芳香。最后的毛火、足火在于终止发酵和提高香气。

二、红茶初制工序

红茶的初制工序包括萎凋、揉捻（揉切）、发酵和干燥，如图M4-1所示。

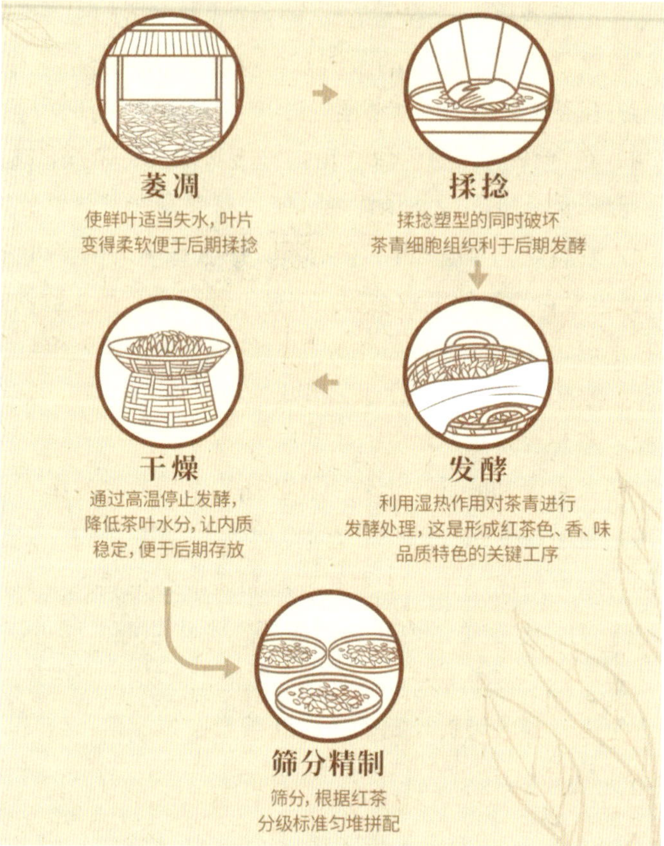

图 M4-1 红茶的初制工序

1. 工夫红茶的加工工序

工夫红茶的加工工序：鲜叶→萎凋（室内自然或加温或日光）→揉拾（揉成条形）→发酵（色由绿变红）→烘干（毛火、足火）→成品。

2. 小种红茶的加工工序

小种红茶的加工工序：鲜叶→日光萎凋→揉捻→发酵→过红锅→复揉→成品。

3. 红碎茶的加工工序

红碎茶的加工工序：鲜叶→萎凋→揉切（转子机或 CTC 机切小颗粒）→发酵→烘干→成品。

任务三 红茶的分类及代表名品

一、红茶的分类

红茶的分类主要包括小种红茶、红碎茶、工夫红茶，而名品红茶则有正山小种、祁门红茶、滇红等。

红茶是以适宜的茶树新芽叶为原料，经萎凋、揉捻（切）、发酵、干燥等一系列工艺过程精制而成的茶。发酵作用使茶叶中的成分产生化学反应，以水冲泡后不仅香气迎人，还呈现出特有的深红茶色，因此被称为“红茶”。红茶的产地广泛，包括中国、印度、斯里兰卡等国家。

二、代表名品

红茶代表名品包括：小种红茶、工夫红茶、红碎茶、祁门工夫红茶、滇红。

（1）小种红茶：小种红茶是我国福建省的特产，分为正山小种和外山小种。正山小种产于风光秀美的福建武夷山，色泽乌润，冲泡后汤色鲜艳绚丽，具有天然的桂圆味及特有的松烟香。

（2）工夫红茶：工夫红茶又称条红茶，经过萎凋、揉捻、发酵和干燥的流程制成，是中国特产的红茶品种。

（3）红碎茶：红碎茶有百余年的产制历史，是国际市场上销量最大的茶类。它是在工夫红茶加工技术的基础上，以揉切代替揉捻，或揉捻后再揉切制成的。

（4）祁门工夫红茶：中国传统工夫红茶的珍品，主产于安徽省祁门县，简称“祁红”。祁红功夫茶条索紧秀细长，色泽乌黑泛灰光，内质香气浓郁高长，清雅隽丽，似蜜糖香味。

（5）滇红：滇红作为中国红茶的代表之一，以其独有的品质和口感受到茶友们的喜爱。滇红的茶叶色泽红润，香气馥郁，口感浓厚，汤色红亮，叶底红匀。

这些红茶品种各具特色，不仅在国内外享有盛誉，而且因其独特的口感和香气受到广泛欢迎。此外，红茶还含有维生素、咖啡因、氨基酸、矿物质、多糖、茶多酚等多种营养和功效成分，具有多种保健功效。

任务四　红茶的冲泡及品鉴

一、红茶的冲泡要点

红茶的冲泡要点如下：

（1）水温 95°C 左右。

（2）置茶量：杯泡，茶与水的比例为 1∶50；壶泡，以 200 毫升的小壶为例，冲泡红条茶需 5~7 克干茶，冲泡红碎茶需 6~8 克干茶。

（3）冲泡次数：红条茶一般可冲泡 2~3 次，红碎茶通常冲泡一次，第二次滋味就显得淡了。

（4）饮用方法：红条茶适合清饮，红碎茶适合调饮。

（5）清饮法：以沸水直接冲泡茶叶。

（6）调饮法：在茶汤中添加其他物品，如盐、糖、奶、薄荷、桂圆、红枣等。

二、盖碗冲泡红茶流程

下面以清饮法来演示红茶正山小种的冲泡流程。

（1）准备茶叶和茶具。

准备盖碗、公道杯、品茗杯、茶道组及红茶正山小种茶叶，如图 M4-2 所示。

（a）

（b）

图 M4-2　准备茶叶和茶具

（2）温具。

向盖碗中注入开水温具，将温具的水倒入公道杯，温烫公道杯和品茗杯，如图 M4-3所示。

图 M4-3　温具

（3）投茶。

将茶荷中的红茶轻轻拨入盖碗中，如图 M4-4 所示。

图 M4-4　**投茶**

（4）洗茶。

向盖碗中注入开水，摇晃，并将壶中的茶汤迅速倒掉，以达到洗茶的目的，如图 M4-5 所示。

图 M4-5　**洗茶**

（5）高冲。

再次向盖碗内注入开水，盖好盖子冲泡 30 秒左右，如图 M4-6 所示。

图 M4-6　**高冲**

(6) 分茶。

将冲泡好的红茶汤倒入公道杯，再依次均匀地倒入品茗杯，如图 M4-7 所示。

(a)　　(b)

图 M4-7　分茶

(7) 品茗。

端杯置于鼻端，散发阵阵甜香，品一口滋味醇厚，如图 M4-8 所示。

(a)　　(b)

图 M4-8　品茗

三、红茶的品鉴

1. 红茶的品饮

清饮红茶的品饮重在领略它的香气、滋味和汤色。端杯开饮前，要先闻其香，再观其色，最后才是尝味。圆熟清高的香气、红艳油润的汤色、浓强鲜爽的滋味，让人有美不胜收之感。饮红茶须在品字上下功夫，缓缓斟饮，细细品味，方可获得品饮红茶的真趣。

调饮红茶的品饮重在领略它的香气和滋味。即使在茶汤中加入多种其他调料，茶汤也依然十分顺口，因此，品饮时应先闻香，至于对香和味的要求，要看加什么调料而定，不可一概而论。

2. 红茶的审评

红茶的审评要点以福建武夷山正山小种红茶为例，重点把握以下几点：

(1) 外形：条索细紧挺秀，两端略尖，锋苗秀丽。

(2) 色泽：乌黑泛灰光，俗称“宝光”。

(3) 香气：浓郁高长，有蜜糖香。

(4) 滋味：浓醇嫩甜，回味隽永。

(5) 汤色：红艳。

(6) 叶底：红匀明亮。

模块五　黄茶及黄茶茶艺

实践目标：了解黄茶的颜色、香味、汤色和性质等特性。

实践准备：冲泡黄茶的茶具和待泡黄茶。

实践形式：实操训练。

实践课时：2 课时。

实践指导：教师带领学生对所展示黄茶的茶叶品性进行了解。

实践效果：通过实训，学生可了解和掌握黄茶品鉴方法和中国具有代表性的黄茶品种，并运用到工作中去。

任务一　黄茶概述

黄茶的主要特点是色黄、汤黄、叶底黄、香味清悦醇和。

黄茶类属部分发酵茶（发酵度：10%）。黄茶的制作工艺与绿茶相似，它最重要的工序在于闷堆，所以黄茶的品质特点是“黄汤黄叶”。例如，君山银针、蒙顶黄芽、霍山黄芽等。

黄茶因品种和加工工艺不同，形状有明显的差别，如君山银针以形似针、芽头肥壮、满披白毫者为佳，芽瘦扁、毫少者为差；蒙顶黄芽以条扁直、芽壮多毫为上，条弯曲、芽瘦毫少为差；鹿苑茶以条索紧结卷曲呈环形、显毫为佳，条松直、不显毫的为差；黄大茶以叶肥厚成条、梗长壮、梗叶相连为好，叶片状、梗细短、梗叶分离或梗断叶破为差。评色泽比较黄色的枯润、暗鲜等，以金黄色鲜润为优，色枯暗为差。评净度比较梗、片、末及非茶类夹杂物含量。

任务二　黄茶的制作工艺

黄茶的制作工艺主要有杀青、揉捻、闷黄、干燥四步。

1. 杀青

黄茶制作的第一道工序，和绿茶类似，目的是钝化鲜叶中酶的活性，丧失部分水分，使叶片变软。

2. 揉捻

这一步是黄茶的塑形工序。有的黄茶在制作过程中需要揉捻塑形，有的则没有明显的揉捻过程，而是在杀青过程中用手搓条做形。

3. 闷黄

闷黄（见图 M5-1）是黄茶制作特有的工序，也是关键工序。闷黄指将茶叶趁热堆积，利用湿热的条件使茶叶变黄。黄茶闷黄的次序各有不同，有的在杀青后闷黄，有的在揉捻后闷黄，有的在初次干燥后闷黄。

4. 干燥

这是黄茶制作的最后一道工序，通过干燥散发水分，进一步促进色、香、味的形成，为黄茶特有的品质打下基础。

（a）

(b)

图 M5-1　黄茶的关键工艺——闷黄

任务三　黄茶的分类

黄茶属于轻发酵茶类，加工工艺近似绿茶，但在干燥过程的前或后增加一道“闷黄”的工艺，促使其多酚叶绿素等物质部分氧化，形成其独特的品质特点——“黄叶黄汤”。黄茶主要分为黄芽茶、黄小茶和黄大茶三个类别。

1. 黄芽茶

黄芽茶由采摘单芽或一芽一叶加工而成，包括君山银针、蒙顶黄芽和霍山黄芽。这些茶叶外形美观，色泽黄润，具有独特的香气和口感，是黄茶中的极品。

（1）君山银针：君山银针产自湖南岳阳君山，以其细长如针的外形和银光闪闪的茶毫而得名，被誉为“黄茶中的贵族”。君山银针的汤色清澈明亮，味道甘甜，每一口都能感受到它的高贵与优雅。

（2）蒙顶黄芽：蒙顶黄芽产自四川雅安蒙顶山，外形紧结，色泽黄绿，茶汤色泽黄亮，口感醇厚，带有独特的甘醇和清新的花香。

（3）霍山黄芽：霍山黄芽产自安徽霍山，外形细嫩，色泽金黄，茶汤色泽明亮，口感柔和，带有淡淡的甜香和果香。

2. 黄小茶

黄小茶由采摘细嫩芽叶加工而成，包括北港毛尖、沩山白毛尖、远安鹿苑和平阳黄汤。这些茶叶具有独特的香气和口感，是黄茶中的精品。

平阳黄汤：平阳黄汤产自浙江平阳，以其“干茶显黄、汤色杏黄、叶底嫩黄”的特点享誉茶界，历史悠久，乾隆年间曾被列为贡品。

3. 黄大茶

黄大茶由采摘一芽二、三叶甚至一芽四、五叶为原料制作而成，包括霍山黄大茶和广东大叶青等。这些茶叶外形条索肥壮、紧结、重实，老嫩均匀，叶张完整，显毫，色泽青润显黄，香气纯正，滋味浓醇回甘，汤色橙黄明亮。

任务四　黄茶的冲泡及品鉴

一、黄茶的冲泡要点

（1）水温：水温需控制在90°左右。

（2）投茶量：茶水比例为1∶50。

（3）适用茶具：玻璃杯、瓷杯。

黄茶的冲泡方法注重观赏性，由于与名优绿茶相比，黄茶的原料更为细嫩，因此其十分强调茶的冲泡技术和程序。

二、黄茶的冲泡流程

下面以盖碗泡法来演示四川蒙顶黄芽的冲泡程序。

1. 摆具赏茶

准备盖碗、公道杯、品茗杯等茶具，冲泡黄茶蒙顶黄芽，如图M5-2所示。

（a）

（b）

图M5-2　摆具赏茶

2. 温碗洁具

倒入碗中注水，轻轻摇晃盖碗，将开水倒入公道杯，再温品茗杯，如图 M5-3 所示。

(a)　　　　　　　　　　(b)

图 M5-3　温碗洁具

3. 入荷投茶

将茶荷中的蒙顶黄芽轻轻拨入茶碗中，如图 M5-4 所示。

图 M5-4　入荷投茶

4. 润茶冲茶

向盖碗中回旋注水三分，轻轻转动盖碗，使茶和水得到充分的浸润，如图 M5-5 所示。

图 M5-5　润茶冲茶

5. 分茶品饮

将茶汤快速而均匀地倒入品茗杯中，欣赏杯中茶汤，汤色黄亮，滋味鲜醇回甘，如图 M5-6 所示。

(a)

(b)

图 M5-6 分茶品茶

三、黄茶的品鉴

1. 黄茶的品饮

黄茶茶汤的核心品质特点包括色泽橙黄明亮、滋味醇厚且带有鲜花果香味，以及回味甘爽、持久不散。黄茶茶汤的色泽通常为橙黄明亮，这是由其独特的闷黄工艺所致。闷黄工艺通过湿热作用使茶叶内含成分发生化学变化，形成黄茶特有的黄色和香高味浓的特点。高质量的黄茶茶汤色泽应橙黄明亮，且呈现出光透澄清的特点。如果茶汤色泽过浅或出现绿色，可能说明茶叶发酵不足；若茶汤色变暗或有沉淀，则可能表示茶叶品质存在问题。高质量的黄茶口感应醇厚且带有鲜花果香味，如果口感较淡或出现涩苦味道，则说明茶叶品质可能较差。同时，回甘长久也是优质黄茶的一个重要特征。

2. 黄茶的审评

黄茶的审评主要包括外形、色泽、汤色、香气、滋味和叶底六个方面。

（1）外形。外形的审评主要观察茶叶的外形是否细紧、完整，有无锋苗。例如，蒙顶黄芽的外形应像针一样细长，挺直肥壮，满披茸毫。

（2）色泽。色泽的审评则看茶叶的颜色是否金黄光亮，例如蒙顶黄芽的芽头应为金黄色，满披白色银毫。

（3）汤色。汤色的审评是观察冲泡后的茶汤颜色是否清澈明亮，例如蒙顶黄芽的汤色应为浅黄略带绿色，清澈明亮。

（4）香气。香气的审评注重香气是否清鲜、持久，例如蒙顶黄芽应有清香纯正的熟栗子香。

（5）滋味。滋味的审评则评估茶汤的味道是否甜爽、回味是否甜美，例如蒙顶黄芽的滋味应鲜纯爽口，甜醇。

（6）叶底。叶底的审评观察泡过的茶叶是否肥嫩、色泽是否黄亮，例如蒙顶黄芽的叶底应芽头肥壮，叶质厚实，色泽黄亮。

【扩展阅读】

君山银针的故事

君山茶历史悠久，在唐代就已出名。文成公主出嫁西藏时就曾选带了君山茶。从五代的时候起，银针就被作为“贡茶”，以后历代相袭。其采制要求很高，比如采摘茶叶的时间只能在清明节前后的7~10天，还规定了9种情况下不能采摘，即雨天、风霜天、虫伤、细瘦、弯曲、空心、茶芽开口、茶芽发紫、不合尺寸等。

关于君山银针，有很多美好的传说。据说它的第一颗种子，还是4 000多年前娥皇、女英播下的。后唐的第二个皇帝明宗第一回上朝的时候，侍臣为他捧杯沏茶，开水向杯子里一倒，马上看到一团白雾腾空而起，慢慢地出现了一只白鹤。这只白鹤对明宗点了三下头，便朝蓝天翩翩飞去了。再往杯子里看，杯中的茶叶都齐崭崭地悬空竖了起来，就像一簇簇破土而出的竹笋。过了一会儿，茶叶又都慢慢下沉，就像是落雪花一样。明宗就问侍臣是什么原因，侍臣回答说：“这是君山的（柳毅井）水泡黄翎毛（银针）的缘故。白鹤点头是表示敬仰，黄翎缓堕是表示对万岁臣服。”明宗听了，心里很高兴，马上下旨把君山黄翎毛定为贡茶。侍臣的话原是讨好帝王，但是银针茶能“悬空而立”，并且像落雪一样下沉又上升，倒是极为美观的。

模块六　白茶及白茶茶艺

实践目标：了解白茶的颜色、香味、汤色和性质等特性。

实践准备：茶具、待泡白茶。

实践形式：实操训练。

实践课时：2 课时。

实践指导：教师带领学生对所展示白茶的茶叶品性进行了解。

实践效果：通过实训，学生可了解和掌握白茶品鉴方法和中国具有代表性的白茶品种，并运用到工作中去。

任务一　白茶概述

白茶的主要特点是身披白毫，汤色浅黄，味清爽口，属于轻微发酵茶。白茶中最著名的是福建的白毫银针。福建政和及建阳的白牡丹属于叶状白茶。漓江春白茶用单芽及一芽一叶制成，产于广西。仙台大白也是白茶的一种，产于江西。白茶制作技艺（福鼎白茶制作技艺）属于福建省福鼎市传统技艺，国家级非物质文化遗产之一。福鼎太姥山是白茶的发源地，具有悠久的历史。福鼎白茶因成制品芽头肥壮，满披白毫，如银似雪而得名，制作中不炒不揉，文火足干，以适度的自然氧化，而保留了丰富的活性酶和多酚类物质。

福鼎白茶的制品主要有白毫银针、白牡丹、贡眉（寿眉）以及新研制的工艺白茶等品类。

白茶类属部分发酵茶（发酵度：10%）。白茶是成条状的白色茶叶，泡出来的茶汤呈象牙色；因白茶是采自茶树的嫩芽制成的，细嫩的芽叶上面盖满了细小的白毫，白茶由此得名。

任务二　白茶的制作工艺

白茶制作技艺是创制白茶的中心工序，也是从茶芽原料到制作成品的关键环节，具有自然、科学优质的特点。

白茶初制工艺流程为：鲜叶—萎凋—堆积—干燥—拣剔。

精制工艺流程为：毛茶—拣剔（手拣）—正茶—匀堆—烘焙—装箱。

在传承古老制茶法的基础上，福鼎白茶现代制作技术向科学、自然、优质发展，以萎凋和干燥两道工序为主，技术制作工序流程以流水线形式进行，体现自然、简洁的特点。

主要程序以自然萎凋和复式萎凋两种形式为主，自然萎凋程序为：鲜叶—自然萎凋—拣剔—烘焙。复式萎凋程序为：鲜叶—复式萎凋—拣剔—烘焙。

受气温影响，白茶制作技艺分为正常气候初制和不正常气候初制程序，不正常气候以“六成干”“八成干”和加温萎凋三种初制程序为主，同时在正常气候制作工序基础上加进摊凉、复焙等工序。

任务三　白茶的分类及代表名品

白茶是中国六大茶类之一，以其独特的制作工艺和风味而著称。白茶的分类主要基于茶树种类、采摘标准及制作工艺的不同。以下是对白茶的分类及代表名品的详细介绍。

一、白茶的分类

白茶根据采摘标准、制作工艺及品质特点，通常可以分为以下五大类。

1. 白毫银针

特点：全部由肥壮的茶芽制成，外覆浓厚的白毫，形似银针，汤色浅黄透亮，口感鲜爽回甘。

产地：主要集中在福建福鼎、政和、建阳等地区。

等级：白茶中的珍品，等级最高。

2. 白牡丹

特点：以一芽一叶或一芽二叶为原料，外观绿叶子夹银白色白毫，芽形如花瓣，泡开以后绿叶子拖着嫩芽，茶汤浅黄，香气清雅，味道醇和。

产地：福建政和、建阳等地。

等级：分为特级、一级、二级、三级。

3. 贡眉

特点：以茶树的一芽二、三叶为原料，毫心明显，茸毫色白较多，干茶颜色灰绿，汤色橙黄或深黄，味醇爽，香鲜纯。

产地：福建福鼎、政和等地。

等级：分为特级、一级、二级、三级。

4. 寿眉

特点：以菜茶种类的短小芽片和大白茶片叶为原料，形如长者的眉毛，汤色橙黄或深黄，滋味平和。

产地：福建建阳、政和等地。

等级：分为一级寿眉与二级寿眉。

5. 新工艺白茶

特点：较传统白茶新增了轻发酵和揉捻两道工序，外形略微卷曲，色泽为明显的暗绿色，带有些许褐色，香味浓郁醇厚。

二、代表名品

白茶的代表名品有白毫银针、白牡丹、贡眉、寿眉及其他特色白茶。

1. 白毫银针

代表：福鼎白毫银针，以其“毫香蜜韵”闻名遐迩，是白茶中的佼佼者。

2. 白牡丹

代表：政和白牡丹，以其花香显著、汤色清亮而受到推崇。

3. 贡眉

贡眉虽然产量不如白毫银针和白牡丹，但因其独特的口感和香气，在白茶市场上也占有一席之地。

4. 寿眉

寿眉虽然外形较为粗犷，但滋味平和，价格亲民，是日常饮用的佳选。

5. 其他特色白茶

其他特色白茶如竹林高山白茶（福建建瓯市特产）、荒野白茶、抛荒白茶、云南白茶等，这些白茶各具特色，品质优良，在中国茶叶市场上享有很高的声誉。

综上所述，白茶的分类多样，代表名品各具特色。无论是追求极致鲜爽的白毫银针，还是享受清雅花香的白牡丹，抑或是选择性价比高的寿眉，茶友们都能在白茶的世界中找到适合自己的那一款。

任务四　白茶的冲泡及品鉴

一、白茶的冲泡要点

手持煮水器高冲注水，冲水杯中至七成满为止，使茶杯中的茶叶上下翻滚，有助于茶叶内物质浸出，茶汤浓度达到上下一致。

1. 泡白茶时投放的茶叶数量

泡白茶需要放多少茶叶，与冲泡茶器有关。用 110～120 毫升白瓷盖碗冲泡，投茶 5 克。用 300 毫升玻璃杯冲泡，投茶 2 克左右即可。而煮茶，则根据注水量的多少决定投茶量。如煮 2015 寿眉饼，400 毫升的水量，投茶 3 克左右即可，具体投茶量，可根据个人口感调整。

2. 冲泡白茶所需要的泡茶温度

白茶的冲泡温度，与白茶的品类有着密切关系。白芽茶需要 90℃左右的水温，老白茶需要 100℃的水温，甚至可以用壶来闷泡和熬煮。

3. 白茶冲泡的时间

白茶冲泡时间的长短，由茶叶品质和冲泡方式决定。关于白茶的冲泡时间，以盖碗法为例，总结经验如下：

第一冲：出水时间是关键。注水后，马上出水，不带犹豫。若是浸泡时间太长，叶片通道开启，之后几冲茶汤容易变得苦涩。

第二冲：依旧是快出水。

第三冲：还是快出水。经过前两次的冲泡，到了第三冲时，茶汤的滋味达到峰值，口感最为饱满。

第四冲：还是快出水。第四冲延续第三冲的余味，茶汤依旧比较饱满。之后几冲，如果汤水缺少滋味，可适当坐杯，以丰富茶汤口感。

二、白茶的冲泡流程

1. 冲泡方式

根据不同的白茶，选择合适的冲泡方式。白茶的冲泡，分为三个层面：

一是不同品类，不同泡法；

二是不同年份，不同泡法；

三是不同茶器，也有不同泡法。

立足茶叶特性，才是最好的选择。白茶品类不多，主要分为三种：白毫银针、白牡丹、寿眉。三种白茶，冲泡方式大同小异。要充分感受三者的风味，最好选择白瓷盖碗冲泡。使用盖碗冲泡时，白毫银针、白牡丹、寿眉都要遵循两个要点：一是沸水冲泡，二是快出水。这两点，是冲泡的黄金法则，尤其是第二条，快出水更为重要。快出水，可以避免茶叶长时间浸泡，释放过多的茶多酚、咖啡因物质，能有效控制物质的释放，从而让泡出来的茶汤口感清甜、鲜爽，汤水醇厚。

白茶，不论何品质，都可以用沸水冲泡，也担得起沸水的考验。而那些不敢使用沸水冲泡的白茶，多半自身存在瑕疵，需要通过低温掩盖自身的缺陷。从一定程度上来说，沸水冲泡可以检验一款白茶的品质优劣。

不同年份的白茶，要如何冲泡？白茶，是一款可以长期存放的白茶。根据存放时间的不同（新茶阶段、陈茶阶段、老茶阶段），决定白茶所使用的冲泡方式不同。

冲泡新茶，可使用的冲泡方法有：白瓷盖碗冲泡、玻璃杯冲泡。

冲泡陈茶和老茶，除了使用白瓷盖碗和玻璃杯，还可以用煮茶法。

有了年份的白茶，内在物质发生变化，变得老成，从而可以煮着喝。而新茶，因内在物质活跃，叶片新，不具备煮茶的特性，若是盲目使用煮茶法，容易致使茶汤浓烈而苦涩。

不同茶器，冲泡方式不同。冲泡白茶的茶器，主要有三类：白瓷盖碗、玻璃杯、煮茶壶，有不同冲泡步骤。

2. 白茶盖碗冲泡流程示范

下面以白牡丹来演示白茶的冲泡程序。

（1）准备茶叶和茶器。

采用盖碗杯、公道杯、品茗杯、茶道组等器具，准备白牡丹，如图 M6-1 所示。

（a）

(b)

图 M6-1　准备茶叶和茶器

(2) 温具。

向盖碗杯中注入少量开水，温烫盖碗杯、公道杯和品茗杯，如图 M6-2 所示。

(a)

(b)

图 M6-2　温具

（3）投茶。

将干茶投入盖碗杯中，如图 M6-3 所示。

图 M6-3　投茶

（4）润茶。

向盖碗杯中注入少量开水，浸润茶叶，如图 M6-4 所示。

图 M6-4　润茶

（5）冲泡。

悬壶高冲水至七分满，盖上碗盖，泡 1 分钟即可，如图 M6-5 所示。

图 M6-5　冲泡

（6）分茶。

将冲泡好的茶汤倒入公道杯，再依次均匀地倒入品茗杯，如图 M6-6 所示。

（a）

（b）

图 M6-9　分茶

（7）献茶品饮。

双手持品茗杯献给客人品饮，闻香品茶，感受白茶的清新淡雅，如图 M6-7 所示。

图 M6-7　献茶

三、白茶的品鉴

1. 白茶的品饮

白茶的茶汤品质特征主要包括清澈透亮、颜色层次变化、香气纯正和口感稠滑。

首先，好的白茶茶汤应该是清澈透亮的。无论是新茶还是老茶，白茶的茶汤都应具备清亮的特征。清澈透亮的茶汤就像稚童纯真的双眸，纤尘不染。这种清澈透亮的茶汤能够清晰地看到根根银亮的白毫在汤水中浮动，如同精灵般舞动。这种清澈感不会因为白茶的年份变化而改变，即使是陈化了三五年的老白茶，其茶汤依然保持清澈透亮。

其次，白茶的茶汤颜色应有层次变化。白茶冲泡后，无论是新茶还是老茶，茶汤颜色都会呈现清浅不同的颜色变化。这种颜色层次的变化是白茶特有的品质特征之一。

再次，好的白茶茶汤应香气纯正。白茶的香气包括毫香、清香、荷叶香、枣香、药香等，这些香气纯正且无杂味、异味。新白茶的毫香、清香尤为明显，而老白茶则展现出荷叶香、枣香、药香等更为复杂的香气。

最后，好的白茶茶汤口感稠滑。白茶的口感以绵、柔、甜、滑、活为主要特征。茶汤入口醇厚绵长，回味悠长，有一种饱满顺滑的感觉。这种稠滑的口感使得茶汤在口中感觉饱满且有层次，与寡淡无味的茶汤形成鲜明对比。

2. 白茶的审评（以白毫银针为例）

外形：挺直如针，芽头肥壮。

颜色：色白隐绿，干茶外表满披白色茸毛。

原料：福鼎大白茶种的壮芽或嫩芽，大多是针形或长片形。

汤色：浅杏黄色。

滋味：汤色浅淡，味清鲜爽口、甘醇、香气弱。

性质：寒凉，有退热祛暑作用。

茶肴：可添加在汤或凉拌菜中，以示名贵。

叶底：肥嫩柔软。

模块七 乌龙茶及乌龙茶茶艺

实践目标：了解乌龙茶的颜色、香味、汤色和性质等特性。

实践准备：各类具有代表性的乌龙茶。

实践形式：实操训练。

实践课时：4 课时。

实践指导：教师带领学生对所展示乌龙茶的茶叶品性进行了解。

实践效果：通过实训，学生可了解和掌握乌龙茶品鉴方法和中国具有代表性的乌龙茶品种，并运用到工作中去。

任务一 乌龙茶概述

乌龙茶也被称为青茶，为半发酵茶。目前乌龙茶的品种类型较为多样，是我国特有的茶叶品种。乌龙茶也是我国传统的六大茶叶类型之一，作为一种半发酵茶叶，乌龙茶的外形粗壮紧结，色泽以乌褐油润为主。乌龙茶有着天然的花果香味和“绿叶红边”的特征，又兼具绿茶的清香和红茶醇厚的滋味，使得乌龙茶区别于其他茶类。乌龙茶有着独特的风格特点，茶叶整体滋味浓醇，并且包含茶多酚、生物碱和茶氨酸等多种活性生物，能够有效抗氧化、抗癌等，因此，乌龙茶凭借其独特的口感，以及良好的功效特性，深受大众青睐。

从乌龙茶的发展历史看，该茶起源于北宋时期，可能发源于福建建瓯地区的凤凰山。最初制作乌龙茶时，将采摘的茶叶进行摇荡挤压，使茶叶的原材料出现了“红变”现象，再经过茶叶细胞内的多酚氧化酶氧化，使得茶叶边缘出现红色与褐色，出现茶叶的半发酵现象，该茶叶也因此得名“乌龙茶”。福建、台湾与广东三省是我国乌龙茶的主要产区，这三省的乌龙茶产量占我国乌龙茶总产量的95%以上。

根据产地不同，乌龙茶有闽南乌龙茶、闽北乌龙茶、台湾乌龙茶、广东乌龙茶之分。闽北地区的乌龙茶品种丰富，有福建水仙、肉桂、奇种、名枞（大红袍、白鸡冠、水金龟、铁罗汉、半天妖等）；闽南地区的乌龙茶品种有铁观音、白芽奇兰、黄棪、毛蟹、本山、梅占、佛手等品种；广东地区的乌龙茶品种有凤凰水仙、岭头单丛、凤凰单丛等名优品种；台湾地区的乌龙茶品种主要有青心乌龙、大叶乌龙、硬枝红心、金萱等品种。

任务二　乌龙茶的制作工艺

乌龙茶品种繁多、特色鲜明，尤以香气著称，香气又因品种、工艺和季节的区别而有不同的表现。乌龙茶的制作工艺可分为采摘、萎凋、做青、炒青、揉捻、干燥六个步骤，其中做青是形成乌龙茶特征的关键工序，是奠定乌龙茶香气和滋味的基础。

第一步——采摘：以下午采摘为宜，便于夜晚做青，如图 M7-1 所示。

第二步——萎凋：通过萎凋散发部分水分，提高叶子韧性，便于揉捻成型；失水过程中酶的活性增强，散发部分青草气，有利于香气散发，如图 M7-2 所示。

图 M7-1　采摘

图 M7-2　萎凋

第三步——做青：萎凋后的茶叶置于摇青机中摇动，叶片互相碰撞，擦伤叶缘细胞，从而促进酶促氧化作用。叶缘细胞的破坏，发生轻度氧化，叶片边缘呈现红色。叶片中央的颜色由暗绿转变为黄绿，形成所谓的“绿叶红镶边”；同时水分的蒸发和运转，有利于香气、滋味的发展，如图 M7-3 所示。

第四步——炒青：乌龙茶的内质已在做青阶段基本形成，炒青是承上启下的转折工序，主要是抑制鲜叶中酶的活性，控制氧化进程，防止叶子继续红变，固定做青形成的品质。低沸点的青草气成分得到挥发和转化，形成馥郁的茶香。同时通过湿热作用破坏部分叶绿素，使叶片黄绿而亮。此外，还可继续挥发一部分水分，使叶子柔软，便于揉捻，如图 M7-4 所示。

图 M7-3　做青

图 M7-4　炒青

第五步——揉捻：使叶片揉破变轻，卷转成条，体积缩小，且便于冲泡。同时部分茶汁挤溢附着在叶表面，对提高茶滋味浓度也有重要作用，如图 M7-5 所示。

第六步——干燥：可抑制酶促氧化，蒸发水分和软化叶子，并起到热化作用，消除茶叶中的苦涩味，促进滋味醇厚，如图 M7-6 所示。

图 M7-5　揉捻

图 M7-6　干燥

任务三　乌龙茶的分类及代表名品

乌龙茶，也被称为青茶，是介于绿茶和红茶之间的半发酵茶类，以其独特的制作工艺和风味而著称。乌龙茶的分类多样，可以从产地、形态、发酵程度等多个角度进行划分。以下是对乌龙茶的分类及代表名品的详细介绍：

一、按产地分类

按产地分类，乌龙茶主要分为闽南乌龙茶、闽北乌龙茶、广东乌龙茶和台湾乌龙茶。

1. 闽南乌龙茶

产地：主要产于福建南部安溪、永春、南安、同安等地。

代表名品：安溪铁观音，以其独特的“观音韵”和兰花香闻名遐迩，是乌龙茶中的极品。此外，黄金桂、本山、毛蟹、永春佛手、梅占等也是闽南乌龙茶的重要品种。

2. 闽北乌龙茶

产地：主要产于福建北部的武夷山、建瓯、建阳等地。

代表名品：武夷岩茶，以其“岩骨花香”著称，是乌龙茶中的瑰宝。大红袍、铁罗汉、白鸡冠、水金龟、肉桂、水仙等都是武夷岩茶中的名品，其中大红袍更是被誉为“茶中之王”。

3. 广东乌龙茶

产地：主要产于广东潮州地区。

代表名品：凤凰单丛，以其高香著称，香型繁多，滋味甘醇爽口，是不可多得的珍品。此外，岭头单丛、饶平色种、凤凰水仙等也是广东乌龙茶的重要品种。

4. 台湾乌龙茶

产地：主要产于台湾地区。

代表名品：冻顶乌龙和文山包种，其中冻顶乌龙以其清爽宜人的茶汤和浓郁持久的香气而受到广泛赞誉。此外，金萱茶、翠玉茶、梨山高冷茶等也是台湾乌龙茶中的佳品。

二、按形态分类

按形态分类，乌龙茶可分为条索形乌龙茶、颗粒形乌龙茶、束形乌龙茶及团块形乌龙茶。

1. 条索形乌龙茶

特点：茶叶外形呈条索状，紧结卷曲。

代表：文山包种、武夷岩茶、凤凰单丛等。

2. 颗粒形乌龙茶

特点：茶叶外形呈颗粒状，紧结匀整。

代表：铁观音、冻顶乌龙等。

3. 束形乌龙茶

特点：茶叶被捆扎成束状。

代表：八角亭龙须茶等。

4. 团块形乌龙茶

特点：茶叶被压制成团块状。

代表：漳平水仙，是乌龙茶中唯一的紧压茶。

三、按发酵程度分类

1. 轻度发酵乌龙茶

发酵程度：10%~25%。

代表：文山包种茶、清香型铁观音等。这类茶发酵程度较轻，香气清扬，滋味爽口。

2. 中度发酵乌龙茶

发酵程度：25%~50%。

代表：传统制法的铁观音、武夷岩茶、闽北水仙、广东凤凰单丛等。这类茶发酵程度适中，香气浓郁，滋味深厚。

3. 重度发酵乌龙茶

发酵程度：50%~70%。

代表：白毫乌龙茶（东方美人）。这类茶发酵程度最重，外形枝叶连理，白毫显露，汤色呈琥珀色，带蜂蜜香或熟果香，滋味甘甜、醇厚。

综上所述，乌龙茶的分类多样，代表名品各具特色。无论是追求独特风味的闽南乌龙茶、岩骨花香的闽北乌龙茶、高香的广东乌龙茶还是台湾特有的乌龙茶品种，茶友们都能在乌龙茶的世界中找到适合自己的那一款。

任务四　乌龙茶的冲泡及品鉴

一、冲泡的要点

1. 选择优质乌龙茶

产地与品种：选择原产于福建、台湾等地的名优乌龙茶，如武夷岩茶、安溪铁观音、台湾高山茶等。这些茶叶品质优良，冲泡后口感更佳。

茶叶品质：购买时注意观察茶叶是否完整，色泽是否匀称，气息是否鲜活，避免购买过期、虫蛀或霉变的茶叶。

2. 准备冲泡工具

茶壶：紫砂壶是冲泡乌龙茶的首选，因其保温性能好，有利于茶香的挥发。同时，茶壶的容量应根据饮茶人数和茶叶用量来选择。

茶杯：透明玻璃杯或白瓷杯都是不错的选择，便于观察茶汤的颜色和茶叶的状态。

其他工具：还需准备茶盘、茶巾、茶漏、公道杯等辅助工具，确保冲泡过程的顺利进行。

3. 掌握冲泡水温

水温控制：乌龙茶的冲泡水温一般在 90~100℃，具体取决于茶叶的种类和品质。高山乌龙茶、铁观音等半球形乌龙茶适宜用 90℃左右的水温；武夷岩茶等条形乌龙茶则适宜用 100℃的水温。水温过高会破坏茶叶的成分，影响茶汤口感；水温过低则会导致茶叶无法充分展开，影响茶汤的浓度。

水质要求：冲泡乌龙茶的水质要求较高，最好使用纯净水或优质自来水，避免使用含有杂质或异味的水。

4. 掌握冲泡时间

冲泡时间：乌龙茶的冲泡时间因茶叶种类和品质而异。一般来说，高山乌龙茶、铁观音等半球形乌龙茶的冲泡时间为 40~50 秒；武夷岩茶等条形乌龙茶的冲泡时间为 1 分钟左右。冲泡时间过长会使茶汤变得苦涩；冲泡时间过短则会导致茶叶未能充分展开，影响口感。

多次冲泡：乌龙茶可以多次冲泡，每次冲泡的时间和水温可以适当调整。好的乌龙茶可以冲泡 3~5 次甚至更多次，每次冲泡都能品尝到不同的风味。

二、乌龙茶冲泡的流程示范（以安溪铁观音为例）

1. 准备茶叶和茶器

乌龙茶的冲泡采用紫砂壶、公道杯、品茗杯、闻香杯、茶道组等器具。待泡干茶——安溪铁观音，如图 M7-7 所示。

图 M7-7　准备茶叶和茶器

2. 鉴赏干茶

条索紧结卷曲重实，呈青蒂绿腹蜻蜓头状，色泽砂绿，叶表带白霜，如图 M7-8 所示。

(a)　　(b)

图 M7-8　鉴赏干茶

3. 温杯洁具

用开水浇烫茶具，提高器具的温度，再一次清洁茶具，以示对客人的尊敬之意。温杯洁具的水倒入闻香杯，剩余的水倒入茶盘，如图 M7-9 所示。

图 M7-9　温杯洁具

4. 投茶

用茶导将茶荷里面的茶叶拨入紫砂壶中，如图 M7-10 所示。

图 M7-10　投茶

5. 润茶

提壶先低后高冲水，使茶叶得到充分的浸润，如图 M7-11 所示。

图 M7-11　润茶

6. 刮沫

用壶盖旋转一圈，轻轻刮去茶壶表面的茶沫，使茶汤更加清澈明亮，如图 M7-12 所示。

图 M7-12　刮沫

7. 第一次出汤

铁观音头泡茶汤一般不喝，倒入公道杯，再由公道杯倒入品茗杯，如图 M7-13 所示。

图 M7-13　第一次出汤

8. 第二次冲泡

第二次用高冲水的办法向茶壶中注入开水，如图 M7-14 所示。

图 M7-14　第二次冲泡

9. 壶外追温

将壶里的开水浇烫茶壶，同时将闻品杯的茶汤再一次浇烫茶壶，使壶内外的温度达到一致，使茶的香气得到更好的激发，如图 M7-15 所示。

(a)

(b)

图 M7-15　壶外追温

10. 第二次出汤

将茶壶里的茶汤倒入公道杯中，当紫砂壶内的茶汤所剩不多时，茶艺师的手势有节奏地一高一低，这一手势在茶艺中被形象地喻为“凤凰三点头”，如图 M7-16 所示。

图 M7-16　第二次出汤

11. 分茶汤

将公道杯里的茶汤快速而均匀地倒入闻香杯中，如图 M7-17 所示。

图 M7-17　分茶汤

12. 扣杯

用右手端起品茗杯，盖在闻香杯上，如图 M7-18 所示。

图 M7-18　扣杯

13. 翻杯

用右手的食指和中指夹住闻香杯身，拇指扣住品茗杯底，翻转至心的位置，然后左手接住，放在杯托上。

14. 奉茶

双手持杯，将泡好的茶依次敬奉给客人，如图 M7-19 所示。

图 M7-19　奉茶

15. 三品

鼻品：喜闻高香，冲泡后的铁观音香气如空谷幽兰，令人心旷神怡，如图 M7-20 所示。

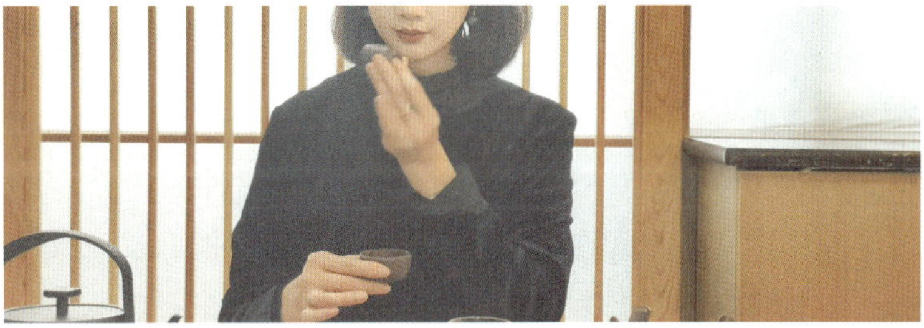

图 M7-20 **鼻品**

目品：冲泡后的铁观音汤色金黄浓艳似琥珀，如图 M7-21 所示。

图 M7-21 **目品**

口品：品茶时慢慢地咀嚼，细细地玩味，这样才能领悟到乌龙茶特有的韵味，如图 M7-22 所示。

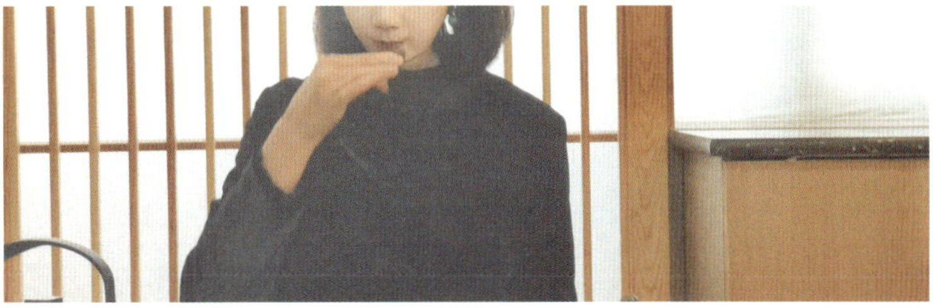

图 M7-22 **口品**

三、乌龙茶的品鉴

1. 乌龙茶品饮

乌龙茶总的品质特点是色泽青褐、汤色橙黄、滋味醇厚（或滋味鲜爽）、香气馥郁（或高香浓郁），冲泡后叶底呈“绿叶红镶边”，属半发酵茶类。其中属轻度发酵的乌龙茶如文山包种，属中度发酵的乌龙茶如铁观音，属重度发酵的乌龙茶如白毫乌龙等。

2. 乌龙茶审评

外质审评：乌龙茶的外形主要评其形状（风格）、色泽、嫩度与品种特征。闽南乌龙茶的主产地是安溪，外形特征是半球形颗粒状、条索卷曲、肥壮圆结、呈卷曲形。闽北乌龙茶的主产地是武夷山，外形主要特征是条索状。广东乌龙的主产地是潮州，如凤凰单揪，外形特征为条索状。台湾最著名的冻顶乌龙茶产地是南投县，其外形特征是半球形颗粒状。

内质审评：采用倒钟形的乌龙茶专用杯碗（如福建乌龙茶审评的评茶杯碗的规格为 110 毫升），准确称取 5 克茶样，按 1∶22 的比例冲泡沸水，静置 2 分钟后带汤闻香气；然后，将茶汤倒出，看汤色，评滋味；接着再续水，冲泡 3 分钟，按前述操作；接着又再续水，冲泡 5 分钟后，仍按前述操作。通过三次冲泡，综合评定香气、汤色和滋味。乌龙茶湿评以第二次为主要依据。

不同类型乌龙茶的品质审评要点有所不同。条索状乌龙茶外形粗松，一般不讲究外形的细紧程度，审评要点在内质，特别是香气的高低和持久，所谓“七泡有余香”是优质的特征。武夷岩茶讲究“岩韵”，当然这种岩韵，有经验的评茶师才能辨别，初学者要慢慢入门。半颗粒形与颗粒形乌龙茶，多数属轻度和中度发酵的乌龙茶，既要讲究外形的紧结程度、色泽青褐鲜活程度，又要讲究香气的清高、花香的明显程度。优质茶应香气高长，花香突出。重发酵的乌龙茶如我国台湾地区的白毫乌龙，其中著名的称“东方美人”，外形要求白毫显露，条索细嫩，开汤品尝有蜜糖香味。

【扩展阅读】

名茶掌故

1. 冻顶乌龙

冻顶乌龙是我国台湾地区出产的乌龙茶珍品，与包种茶合称姐妹茶，其制法近似青心乌龙，但味更醇厚，喉韵强劲，高香尤浓。因产于冻顶山上，故名冻顶乌龙。

冻顶山是台湾地区凤凰山一个支脉，海拔 700 多米，月平均气温在 20°C 左右。那么为什么叫“冻顶”呢？据说因为这里山脉迷雾多雨，山陡路险崎岖难走，上山去的人都要绷紧足趾（台湾俗话称为“冻脚尖”）才能上山，所以此山称为冻顶山。相传在很久以前，台湾地区南投县鹿谷乡中，住着一位勤奋好学的青年，名叫林凤池，他学识广博，体健力壮，而且非常热爱自己的祖国。有一年，他听说福建省要举行科举考试，就很想去试试，可是家境贫寒，缺少路费，不能成行。

乡亲们喜欢林凤池为人正直，有学识，有志气，有抱负，得知他想去福建赴考，大家就慷慨解囊，给林凤池凑足了路费。林凤池感激万分，第三天即拜别乡亲上路了。不久，林凤池果然金榜题名，考上了举人并在县衙内就职。一天，林凤池决定回台湾探亲，在回台湾前邀同僚一起到武夷山一游。上得山来，只见“武夷山水天下奇，千峰万壑皆美景”，山上岩间长着很多茶树，又听说树上的嫩叶做成乌龙茶，香高味醇，久服有明目、提神、利尿、去腻、强身等作用，便想能带些回台湾多好啊！于是向当地茶农购得茶苗36棵，精心带土包好，带到了台湾南投县。乡亲们见林凤池衣锦还乡，喜出望外，又见他带来福建的乌龙茶苗，格外兴奋。他们推选几位有经验的老农，仔细地把36棵茶苗种植在附近最高的冻顶山上，并派专人精心管理。加之台湾气候温和，茶苗棵棵成活，不断吐着绿油油的嫩芽，可爱极了。接着，人们按照林凤池介绍的方法，采摘芽叶，加工成了乌龙茶。这茶说来也怪，山上采制，山下就闻到了清香，而且喝起来清香可口，醇和回甘，气味奇异，成为乌龙茶中风韵独特的佼佼者。这就是现今我国台湾地区“冻顶乌龙”的由来。

2. 凤凰水仙

凤凰水仙产自广东省潮州市的凤凰山一带，“水仙”为树种名。传说南宋末年，宋少帝赵昺南下潮汕，路经凤凰山区乌岽山，口渴思饮。因无水源，侍从们采下一种叶尖似乌嘴的树叶加以烹制，饮之止渴生津，立奏奇效。原来这是一株茶树。从此广为栽植，称为“宋种”，迄今已有900余年的历史。另一传说宋少帝赵昺被元兵追杀，向南逃奔，一进凤凰山，便望乌岽而来，一直爬上天池山。宋少帝与群臣累得满身大汗，饥渴难耐。年幼的宋少帝坐在草地上，呼天唤地……这时，空中飘来一朵祥云，飞来一只凤凰鸟，凤凰鸟口中叼着一束树叶，飞到人群上空，把叼来的树叶掷于帝面前，长鸣一声，向远方飞去。随从人员有识茶叶者，立即摘下嫩叶献给帝道：“此乃茶叶，圣上将茶叶含入口中，缓慢细嚼，可以解渴。”帝纳之，须臾渴止津生，精神大振，并把剩下的茶叶赐予群臣止渴，为数不多的茶叶顷刻只剩茶枝和一对并蒂的茶果。帝在茶果中取出茶籽，扒开泥土，将茶籽播在地里，并道：“就让此茶生长在乌岽山上吧。”不久，乌岽山一带山麓果然生长出茶树。现在乌岽山上茶龄几百年的古茶树，都被称为“宋种”，又因为茶种是凤凰鸟叼来的，也被称为“乌嘴茶”。

模块八 黑茶及黑茶茶艺

实践目标：了解黑茶的颜色、香味、汤色和性质等特性。

实践准备：各类具有代表性的黑茶。

实践形式：实操训练。

实践课时：2 课时。

实践指导：教师带领学生对所展示黑茶的茶叶品性进行了解。

实践效果：通过实训，学生可了解和掌握黑茶的品鉴方法和中国具有代表性的黑茶和紧压茶品种，并运用到工作中去。

任务一　黑茶概述

黑茶类属后发酵茶（随时间的不同，其发酵程度会有变化）。这类茶大部分内销（我国边疆地区为主），少部分销往海外。因此，习惯上把黑茶制成的紧压茶称为边销茶。例如，普洱茶、湖南黑茶、老青茶、六堡散茶等。

颜色：青褐色，汤色橙黄或褐色，虽是黑茶，但泡出来的茶汤未必是黑色。

原料：花色、品种丰富，大叶种等茶树的粗老梗叶或鲜叶经后发酵制成。

香味：具陈香，滋味醇厚回甘。

性质：温和。属后发酵茶，可存放较久，耐泡耐煮。

茶肴：可焖煮入菜，或做成茶点心，别具风味。

任务二　黑茶的加工工序

一、黑茶初制加工工艺

1. 黑茶初制工艺

鲜叶—杀青—揉捻—渥堆—复揉—干燥—成品。

2. 压制茶的加工工序

称茶—蒸茶—装匣—预压—紧压—冷却定型—退匣—干燥—成品。

二、具体加工的步骤

黑茶的加工工序相对复杂，主要包括以下几个关键步骤：

1. 杀青

目的：通过高温使茶叶中的酶活性钝化，停止茶叶的发酵过程，同时软化茶叶，便于后续揉捻。

方法：分为手工杀青和机械杀青两种，现代生产中多采用机械杀青。除雨水叶、露水叶和芽叶外，通常按 10∶1 的比例洒水，然后利用高温蒸汽将茶叶均匀杀青。

2. 初揉

目的：将杀青后的茶叶趁热揉捻成条，使茶汁溢出并附着于茶叶表面，为后续的渥堆发酵做准备。

要点：揉捻过程宜轻压、短时、慢揉，以保持茶叶的完整性和促进茶汁的均匀分布。初揉时间一般为 15 分钟左右，待茶叶嫩叶成条，粗老叶成皱叠时即可。

3. 渥堆发酵

目的：通过湿热作用促进茶叶中微生物的生长和繁殖，引发茶叶特有的色香味变化。这是黑茶加工过程中最为关键的工序。

操作：选择较暗、洁净的地面进行渥堆，堆高一般不超过一米，表面覆盖湿布或蓑衣等物以保持温湿度。渥堆过程中需根据茶叶的变化情况进行翻堆，以利渥堆均匀。当茶叶变得黄褐，对光透视呈竹青色而透明，青气消除并散发出淡淡的酒糟香气时，渥堆即告完成。

4. 复揉

目的：渥堆后的茶条容易回松，复揉可使其紧卷成型，便于后续干燥和储存。

操作：复揉时间一般为 6 ~ 8 分钟，压力较初揉稍小，以保持茶叶的完整性和美观性。

5. 干燥

目的：通过高温烘焙去除茶叶中的多余水分，使茶叶达到适宜的含水率，同时赋予茶叶独特的香气和风味。

方法：传统上采用松柴旺火烘焙，在特制的七星灶上进行。烘焙时茶叶色泽逐渐变为乌黑油润，并散发出独特的松烟香。现代生产中也有采用其他干燥方式以去除松烟味的情况。

综上所述，黑茶的加工工序包括杀青、初揉、渥堆发酵、复揉和干燥等关键步骤。这些步骤相互关联、相互影响，共同决定了黑茶最终的品质和风味。

任务三　黑茶的分类及代表名品

黑茶是我国六大茶类之一，属于后发酵茶，具有独特的制作工艺和风味特点。其分类方式多样，以下从地域分布、制作工艺和形态三个方面进行介绍，并列出相应的代表名品。

一、按地域分布分类

黑茶按照地域分布可以分为多个种类，主要代表名品包括以下六类。

1. 湖南黑茶

湖南黑茶产于湖南益阳安化县，历史悠久，是中国古代名茶之一。主要品种有天尖、贡尖、生尖、茯砖茶和千两茶（又称花卷茶）。天尖茶采用一级黑毛茶压制而成，外形色泽乌润，内质香气清香，滋味浓厚；茯砖茶茶体紧结，色泽黑褐油润，金花茂盛，菌香四溢，滋味醇厚悠长；千两茶则以安化高家溪和马家溪的优质黑毛茶为原料，经过复杂的紧压和自然发酵过程制成，具有独特的口感和香气。

2. 四川黑茶（边茶）

四川黑茶主要产于四川雅安、天全、荥经等地，分为南路边茶和西路边茶两类。南路边茶主要供应西藏、青海和四川甘孜藏族自治州等地，代表品种有康砖和金尖；西路边茶则主要供应四川阿坝藏族羌族自治州及青海、甘肃、新疆等地。四川黑茶经过多道工序的加工，具有独特的发酵香和熟果香，口感醇厚。

3. 云南黑茶

云南黑茶主要以普洱茶为代表，因产地旧属云南普洱府而得名。普洱茶分为生茶和熟茶两种，熟茶是以云南大叶种晒青毛茶为原料，经过渥堆发酵等工艺加工而成的茶。普洱茶具有独特的陈香，滋味醇厚回甘，叶底褐红。

4. 广西黑茶

广西黑茶最著名的是梧州六堡茶，产于广西苍梧县六堡乡，已有上千年的生产历史。六堡茶经过多道工序的加工，具有独特的槟榔香和松烟香，口感醇厚。

5. 湖北黑茶

湖北黑茶主要指老青茶，别称青砖茶、川字茶等，产于湖北省赤壁市、咸宁、通山、崇阳、通城等地。老青茶经过杀青、揉捻、渥堆等工序的加工，具有独特的松烟香和陈香，口感浓烈。

6. 陕西黑茶

陕西黑茶主要以茯砖茶为代表，产于陕西咸阳泾阳，采用湖南安化黑毛茶为原料制成。茯砖茶茶体紧结，色泽黑褐油润，金花茂盛，菌香四溢，滋味醇厚悠长。

二、按制作工艺分类

黑茶按制作工艺可分为紧压茶和散装茶两大类。紧压茶主要包括茯砖茶、花砖茶、黑砖茶、青砖茶等；散装茶则主要有天尖、贡尖、生尖等。

三、按形态分类

黑茶按形态可分为砖茶（如茯砖茶、花砖茶、黑砖茶、青砖茶等）、花卷茶（如千两茶）和散茶（如部分普洱茶和六堡茶）等。

综上所述，黑茶种类繁多，各具特色。不同地域、不同制作工艺和不同形态的黑茶都有其独特的口感和风味特点，满足了不同消费者的需求。在选购黑茶时，可以根据自己的口味偏好和实际需求进行选择。

任务四　黑茶的冲泡及品鉴

一、黑茶冲泡的要点

1. 茶具选择

冲泡黑茶的茶具首选紫砂壶或陶瓷壶，因其具有良好的保温性能和透气性，有助于提升茶汤品质。盖碗也是不错的选择，便于观察茶汤色泽和控制冲泡时间。

2. 水温控制

黑茶需要用沸水冲泡，以充分激发茶香和茶味。水温不够会导致茶汤滋味淡薄，香气不足。

3. 投茶量

投茶量需根据茶具容量和个人口味灵活调整。一般而言，投茶量不宜过多，以免茶汤过浓。

4. 醒茶洗茶

在正式冲泡前，用开水快速冲洗茶叶，去除灰尘和杂质。醒茶过程有助于唤醒茶叶的活性，提升茶汤品质。

5. 冲泡时间

初次冲泡时间可稍短，后续逐渐延长。冲泡时间不宜过长，以免茶汤过浓或出现苦涩味。

6. 出汤与分茶

冲泡好后，及时将茶汤倒入公道杯中。再将公道杯中的茶汤均匀分入品茗杯中，避免茶汤浓淡不均。

二、黑茶的冲泡流程

下面以紫砂壶泡法来演示黑茶雅安藏茶的冲泡程序。

1. 准备茶具和茶叶

采用紫砂壶、玻璃公道杯、品杯，冲泡雅安藏茶，如图 M8-1 所示。

(a)　　(b)

图 M8-1　准备茶具和茶叶

2. 温具

向紫砂壶中注入开水温壶，将温壶的水倒入公道杯，温烫公道杯和品茗杯，如图 M8-2 所示。

(a)　　(b)

图 M8-2　温壶

3. 投茶

将茶荷中的黑茶轻轻拨入茶壶中，如图 M8-3 所示。

图 M8-3　**投茶**

4. 润茶

向壶中注入开水，轻摇壶身，并将润茶的水快速倒入茶盘，也可以根据茶的质量，快速润茶 1~2 次，如图 M8-4 所示。

图 M8-4　**润茶**

5. 冲泡

再次向壶内注入开水，刮沫，盖好壶盖（冲泡），如图 M8-5 所示。

(a)

(b)

图 M8-5　**冲泡**

6. 斟茶

将冲泡好的茶汤斟入公道杯，再均匀地分到各品茗杯中，如图 M8-6 所示。

(a)

(b)

图 M8-6 斟茶

7. 赏汤品茶

观赏黑茶清亮的汤色，滋味醇和回甘，如图 M8-7 所示。

图 M8-7 赏汤品茶

三、黑茶的品饮与审评

1. 黑茶品饮

（1）厚度：黑茶的厚度是一种饱满丰富的感觉，类似于黏稠感。这是黑茶质地的体现，与茶汤浓度不同。

（2）滑度：滑度指的是黑茶的“油润感”，类似喝鸡汤或米汤的感觉。优质黑茶通常具有很好的滑度表现。

（3）润度：好的黑茶入口后能立即解除干涸之感，使喉咙清爽滋润。这是黑茶特有的润度表现之一。

（4）甜度：甜度是黑茶品鉴中较为直观的一个方面。优质黑茶在茶汤入口后就能感受到明显的甜度且持久绵长。

（5）纯度：纯度反映了黑茶发酵工艺和储存环境的卫生状况。优质黑茶的茶汤纯净无异味，喝起来干净舒服。

（6）香气：不同的原料和拼配方式会带来不同的香气表现，这也是黑茶的魅力之一。优质黑茶的香气纯正持久且层次分明。

2. 黑茶的审评

（1）观察干茶：优质黑茶外形紧结匀齐，色泽乌润有光泽，条索清晰完整。不同种类的黑茶，如茯砖茶、天尖茶等，其外形特征略有差异，但整体应呈现出紧实、匀称的特点。

（2）干茶香：初闻干茶，应能感受到其特有的香气，如陈香、药香或菌花香等。这些香气是黑茶在发酵和储存过程中形成的独特风味。

（3）湿茶香：冲泡后，再次闻茶香，此时香气应更加浓郁持久。优质黑茶的香气纯正无杂味，能够给人留下深刻的印象。

（4）看汤色：优质黑茶的茶汤颜色通常呈现橙黄明亮或红浓透亮的特点，无浑浊现象。汤色的好坏可以反映出茶叶的发酵程度和储存状况。

（5）品滋味：黑茶的滋味醇厚而不腻，入口后能感受到明显的回甘。优质黑茶在品饮过程中几乎无苦涩味，口感饱满且持久。

（6）层次丰富：随着冲泡次数的增加，黑茶的滋味会呈现出不同的层次变化。初泡时滋味较为浓烈，随后逐渐变得柔和细腻。

（7）察叶底：冲泡后的茶叶叶底应柔软有弹性，色泽均匀一致且无杂质。观察叶底可以了解茶叶的加工工艺和储存条件是否得当。

【扩展阅读】

普洱茶的传说

关于普洱茶的发现，还有一个偶然的故事。约在清朝雍正年间，商人从滇（云南简称滇）南崇山峻岭山寨收购上来的茶叶，由马帮经过半个多月的跋山涉水，风餐露宿才能运到普洱府。因为山路崎岖难行，路途遥远，茶叶被日晒雨淋，加上包裹密封之故，人们卸下茶叶后，发现茶叶已微微发酵，而且有一种苦凉、醇香之味。于是纷纷叹奇，并争相抢购。就这样，产生了一个新品种的茶。

普洱茶中有一款极品——官廷普洱茶，系精选多年普洱陈茶，一经推出即受到茶界一致好评，获第二届国际名茶评比“金奖”。另一款是金沱茶，系用精选多年普洱陈茶压制而成。此品为有沱茶历史以来的最佳品，获第三届国际名茶评比“金奖”。最著名的要数普洱金瓜贡茶，是现存的陈年普洱茶中的绝品，在我国港、台茶界被称为“普洱茶太上皇”。目前，金瓜贡茶的真品仅有两坨，保存于杭州中国农业科学院茶叶研究所，其他所谓金瓜贡茶不足为信。生产普洱金瓜贡茶，始于清朝雍正七年（1729年）。当时，云南总督鄂尔泰在普洱宁洱哈尼族彝族自治县（今宁洱镇）建立了贡茶茶厂，选取西双版纳最好的女儿茶，制成团茶、散茶和茶膏，敬贡朝廷。清人赵学敏的《本草纲目拾遗》云：“普洱茶成团，有大中小三种。大者一团五斤，如人头式，称人头茶，每年入贡，民间不易得也。”制人头贡茶的茶叶，据传均由未婚少女采摘，且都是一级的芽茶。采下的芽茶一般都先放于少女怀中，积到一定数量，才取出放到竹篓里。这种芽茶，经长期存放，会转变成金黄色，所以人头贡茶亦称“金瓜贡茶”或“贡茶”。北京故宫曾处理清宫贡茶，总计有两吨多，其中大部分是普洱茶。

模块九 花茶及花茶茶艺

实践目标：了解花茶的颜色、香味、汤色和性质等特性。
实践准备：各类具有代表性的花茶。
实践形式：实操训练。
实践课时：2 课时。
实践指导：教师带领学生对所展示花茶的茶叶品性进行了解。
实践效果：通过实训，学生可了解和掌握花茶品鉴方法和中国具有代表性的花茶品种，并运用到工作中去。

任务一 花茶概述

花茶是将茶叶加花窨烘而成，大陆以绿茶窨花多，台湾以青茶窨花多，目前红茶窨花愈来愈多。这种茶富有花香，以窨的花种命名，如茉莉花茶、牡丹绣球、桂花乌龙茶、玫瑰红茶等。花茶又名“窨花茶”“香片”等。饮之既有茶味，又有花的芬芳，是一种再加工茶叶。

任务二 花茶的加工工艺

花茶的加工通常称为“窨制”，传统的窨制工艺包括茶坯处理、鲜花处理、拌和窨堆、通花、续窨、起花、复火、提花等步骤，直至最后匀堆装箱。具体过程如下：

（1）茶坯处理：将茶坯进行精制，去除杂质，达到一定的规格要求。

（2）鲜花处理：选择成熟、饱满、香气浓郁的鲜花，进行采摘、摊放、筛分等处理，促进花朵开放。

（3）拌和窨堆：将处理好的茶坯和鲜花按一定比例均匀拌和在一起，称为“窨堆”。

（4）通花散热：在窨制过程中，根据茶坯温度和含水率，及时进行通花散热，防止茶叶焖黄。

（5）起花：窨制完成后，进行茶、花分离，称为“起花”。

（6）复火干燥：对筛出的湿坯进行复火干燥，以去除多余水分，提高茶叶品质。

（7）提花：为提高产品香气的鲜灵度，用少量鲜花进行最后一次窨制，出花后不再复火。

任务三　花茶的分类及代表名品

花茶根据所用的香花品种不同，可分为多种类型，其中以茉莉花茶产量最大，最为常见。其他还有玉兰花茶、桂花花茶、珠兰花茶等。以下是几种代表名品：

（1）茉莉花茶：利用茶叶和茉莉鲜花进行拼合、窨制而成，具有清新淡雅的香气和独特的口感。

（2）桂花花茶：以绿茶和桂花为原料，经过窨制而成，具有香甜宜人的桂花香和清新的茶味。

（3）玫瑰花茶：由茶叶和玫瑰鲜花窨制而成，花香浓厚，茶汤滋味甜美，具有理气解郁、活血散瘀的功效。

（4）菊花茶：以菊花为原料泡制而成，具有清肝明目、疏散风热的作用。

任务四　花茶的冲泡及品鉴

一、冲泡要点

1. 泡好茶从挑选开始

花茶是茶味与花香巧妙地融合，构成茶汤适口、芬芳的韵味。要想泡出一壶好茶，首先要做的就是选择优质的花草茶材料。要选择茶叶完整、果实颗粒较大，带有一点光泽的花草茶。此外，也可以用鼻子闻一闻，香味浓郁的泡起来味道自然较好，假如可以试喝的话，喝起来清爽甘甜的，也是优秀的花草茶。

2. 品种不同要区别对待

由于水质与水温都是冲泡花茶色香味的重要因素，因此，泡饮花茶，要以能维护香气不致无效散失和显示茶质美为准。对于冲泡特别细嫩的花茶，宜用透明茶杯，便于观赏。用90℃左右的水冲泡，随即加上杯盖，以防香气散失。此时，可对着光线，观察茶在水中上下沉浮，以及茶叶徐徐开展、复原叶形、渗出茶汁汤色的变化过程。冲泡3分钟后，揭开杯盖一侧，顿觉芬芳扑鼻而来，也可凑着香气做深呼吸，充分领略愉悦香气。

二、花茶的冲泡步骤

花茶的冲泡步骤包括备具、烫盏、置茶、冲泡、闻香、品饮及欣赏。

1. 备具

一般品饮花茶的茶具，选用的是白色的有盖瓷杯，或盖碗（配有茶碗、碗盖和茶托），如冲泡特种工艺造型花茶和高级花茶，为提高艺术欣赏价值，应采用透明玻璃杯的。

2. 烫盏

烫盏，就是将茶盏置于茶盘，用沸水高冲茶盏、茶托，再将盖浸入盛沸水的茶盏转动，尔后去水。这个过程的主要目的在于清洁茶具。

3. 置茶

置茶是指用竹匙轻轻将花茶从贮茶罐中取出，按需分别置入茶盏。用量结合个人的口味按需增减。

4. 冲泡

冲泡花茶时，头泡应低注，冲泡壶口紧靠茶杯，直接注于茶叶上，使香味缓缓浸出；二泡采中斟，壶口稍离杯口注入沸水，使茶水交融；三泡采用高冲，壶口离茶杯口稍远冲入沸水，使茶叶翻滚，茶汤回荡，花香飘溢。一般冲水至八分满为止，冲后立即加盖，以保茶香。

5. 闻香

花茶经冲泡静置片刻后，即可提起茶盏，揭开杯盖一侧，用鼻闻香，顿觉芬芳扑鼻而来。有兴趣者，还可凑着香气做深呼吸状，以充分领略香气对人的愉悦之感，人称“鼻品”。

6. 品饮

经闻香后，待茶汤稍凉适口时，小口喝入，并将茶汤在口中稍时停留，以口吸气、鼻呼气相配合的动作，使茶汤在舌面上往返流动12次，充分与味蕾接触，品尝茶叶和香气后再咽下，这叫“口品”。所以民间对饮花茶有“一口为喝，三口为品”之说。

7. 欣赏

特种工艺造形花茶和高级花茶泡在玻璃杯中，在品其香气和滋味的同时可欣赏其在杯中优美的舞姿。或上下沉浮、翩翩起舞；或如春笋出土、银枪林立；或如菊花绽放，令人心旷神怡。

三、花茶的品鉴

可以从外形、香气、汤色、滋味和叶底等方面对花茶进行品鉴。

（1）外形：优质花茶外形条索紧结匀整，色泽黄绿尚润；劣质花茶则条索粗松扭曲，色泽黄暗。

（2）香气：优质花茶香气鲜灵浓郁，具有明显的鲜花香气；劣质花茶则香气淡薄或有异味。

（3）汤色：优质花茶汤色浅黄明亮；劣质花茶汤色深褐浑浊。

（4）滋味：优质花茶滋味醇厚回甘；劣质花茶则苦涩味重或淡而无味。

（5）叶底：优质花茶叶底细嫩匀亮；劣质花茶叶底粗老暗黄。

综上所述，花茶作为一种具有独特风味和养生疗效的茶叶品种，在加工、分类、冲泡及品鉴等方面都有其独特之处。通过了解这些方面的知识，我们可以更好地欣赏和品味花茶的魅力。

模块十 茶席设计

实践目标：了解茶席的概念和构成要素，了解各类型茶具的种类、名称和用法，了解茶席的结构和背景设计方法，了解各种花材和掌握插花的方法。

实践准备：茶席设计的要素、各种类茶具、实践场地、各种花材、实践用具。

实践形式：实操训练。

实践课时：2 课时。

实践指导：教师指导学生进行茶席设计、熟练运用各类型茶具等。

实践效果：通过实训，学生能根据主题进行茶席设计，掌握各类型茶具的名称、用法，能根据茶席主题选择合适的背景并进行协调搭配，了解各种花材、茶艺插花的要求，按照要求编写出茶席文案。

任务一　茶席的构成要素

所谓茶席设计，就是指以茶为灵魂，以茶具为主体，在特定的空间形态中，与其他的艺术形式相结合，所共同完成的一个有独立主题的茶道艺术组合整体。茶席设计是由不同的因素组合成的。由于人的生活和文化背景及思想、性格、情感等方面的差异，人们在进行茶席设计时可能会选择不同的构成因素。在这里，我们仅以一般的基本构成因素加以叙述。

一、茶席设计的基本构成因素

1. 茶品

茶，是茶席设计的灵魂，也是茶席设计的思想基础。因茶，而有茶席。因茶，而有茶席设计。

茶，在一切茶文化以及相关的艺术表现形式中，既是源头，又是目标。茶，应是茶席设计的首要选择。因茶而产生的设计理念，往往会构成设计的主要线索。

2. 茶具组合

茶具组合既是茶席设计的基础，也是茶席构成因素的主体。茶具组合的基本特征是实用性和艺术性相融合。实用性决定艺术性，艺术性又服务于实用性。

因此，它的质地、造型、体积、色彩、内涵等方面，应作为茶席设计的重要部分加以考虑，并使其在整个茶席布局中处于最显著的位置，以便对茶席进行动态的演示。

3. 铺垫

铺垫，指的是茶席整体或布局物件摆放下的铺垫物，也是铺垫茶席之下布艺类和其他质地物的统称。铺垫的直接作用：一是使茶席中的器物不直接触及桌（地）面，以保持器物清洁；二是以自身的特征辅助器物共同完成茶席设计的主题。

4. 插花

插花是指人们以自然界的鲜花、叶草为材料，通过艺术加工，在不同的线条和造型变化中，融入一定的思想和情感而完成的花卉的再造形象。茶席中的插花，不同于一般的宫廷插花、宗教插花、文人插花和民间插花，而是为体现茶的精神，追求崇尚自然、朴实秀雅的风格。其基本特征是：简洁、淡雅、小巧、精致。鲜花不求繁多，只插一两枝便能起到画龙点睛的效果；注重线条，构图的美和变化，以达到朴素大方、清雅绝俗的艺术效果。

5. 焚香

焚香，是指人们将从动物和植物中获取的天然香料进行加工，使其成为各种不同的香型，并在不同的场合焚熏，以获得嗅觉上的美好享受。焚香在茶席中，其地位一直十分重要。它不仅作为一种艺术形态融于整个茶席中，而且它美好的气味弥漫于茶席四周的空间，使人在嗅觉上获得非常舒适的感受。气味，有时还能唤起人们意识中的某种记忆，从而使品茶的内涵变得更加丰富多彩。

6. 挂画

挂画，又称挂轴。茶席中的挂画，是悬挂在茶席背景环境中书与画的统称。书以汉字书法为主。画以中国画为主。

7. 相关工艺品

人们品茶，从根本上来说，是通过感官来获得感受。但影响感觉系统的因素很多，视、听、味、触、嗅觉的综合感觉，也会直接影响品茶的感觉。相关工艺品，不仅能有效地陪衬、烘托茶席的主题，还能在一定的条件下，对茶席的主题起到深化的作用。

8. 茶点茶果

茶点茶果，是对在饮茶过程中佐茶的茶点、茶果和茶食的统称。其主要特征是：分量较少，体积较小，制作精细，样式清雅。

二、茶席的背景

茶席的背景是指为获得某种视觉效果，设定在茶席之后的艺术物态方式。茶席的价值是通过观众审美而体现的。因此，视觉空间的相对集中和视觉距离的相对稳定就显得特别重要。单从视觉空间来讲，假如没有一个背景的设立，人们可以从任何一个角度自由欣赏，从而使茶席的角度比例及位置方向等设计失去了价值和意义，也使观赏者不能准确获得茶席主题所传递的思想内容。茶席背景的设定，就是解决这一问题的有效方式之一。背景还起着视觉上的阻隔作用，使人在心理上获得某种程度的安全感。

任务二　茶具组合

茶具组合包括以下内容：

（1）备水器具（煮水器、随手泡、开水壶）。

（2）泡茶器具（茶壶、茶杯、盖碗、泡茶器、茶则、茶叶罐、茶匙）。

（3）品茶器具（茶海、公道杯、茶盅、品茗杯、闻香杯）。

（4）辅助器具（茶荷、茶碟、茶针、漏斗、茶盘、壶盘、茶巾、茶池、水盂、汤滤、承托、茶匙组合）。

茶具组合是构成茶席设置的基础，也是茶艺表演构成的因素主体之一。其基本特征是实用性和艺术性的融合。实用性是基础，决定其艺术性，而艺术性则服务于实用性。茶具组合表现形式具有整体性、涵盖性和独特性。挑选茶具组合时，需考虑到它的质地、造型、体积、色彩和内涵等诸多方面。

茶具组合分两种类型。一种为必不可少的个体，如煮水壶、茶叶罐、茶则、品茗杯等；另一种为功能齐全的茶艺组件，如茶荷、茶碟、茶针、茶夹、茶斗、茶滤、茶盘、茶巾和茶几等。挑选茶具组合时，需在实用性的基础上进行考虑。

茶具组合的技术性主要体现在赏心悦目上，因此在挑选茶具时，主要看茶具的质地、大小、形状、色彩、照应等。泡茶器皿在整体特配过程中，还需依据茶席类型、时代特征、民俗差异、茶类特性等不同而采取不同的配置。在茶具的形式和排列上，也需考虑其对称性和协调性。

任务三　茶席的结构与背景设计

1. 茶席结构类型

（1）中心结构（以空间中心为结构核心点）。

（2）非中心结构（流线式、散落式）。

（3）桌地面组合式（器物反传统式、主体淹没式）。

2. 背景设计

（1）室外设计（以窗为背景或以廊口为背景）。

（2）室内设计（以房柱为背景、以装饰墙面为背景、以玄关为背景、以博古架为背景）。

任务四　茶席插花

茶席插花的内容如下：

（1）时令花材：线条花、焦点花、补充花、叶材。

（2）要求：以奇数、单一、不对称为原则。

（3）手法细致朴实，形制简雅。

（4）摆放位置较低，以坐赏为原则。

（5）样式：直立式 、倾斜式、下垂式、平卧式。

（6）时节表现（四季 、时辰）。

（7）花材禁忌：不宜选用香气过浓的花、色泽过艳的花及已经盛开的花。

任务五　茶席设计文案的撰写

茶席设计文案的编写要点如下：

（1）标题。

（2）主题阐述。

（3）结构说明（器物选择及摆置效果）。

（4）结构中各因素的用意。

（5）结构图示（照片或者画图，线条勾勒出摆放位置即可）。

（6）动态演示程序介绍（杯子、茶品的选择）。
（7）奉茶礼仪语。
（8）结束语（总结性文字，包含个人的愿望）。
（9）作者署名（字数为300~400字）。

模块十一

常见茶类的冲泡技艺

实践目标：了解玻璃杯泡绿茶方法、盖碗泡花茶方法、乌龙茶叶茶艺方法、红茶茶艺方法及普洱茶茶艺方法。

实践准备：绿茶茶叶、玻璃茶具、花茶茶叶、盖碗茶具、乌龙茶茶叶、红茶茶叶、普洱茶茶叶、茶具。

实践形式：实操训练。

实践课时：14 课时。

实践指导：教师指导绿茶、花茶、乌龙茶、红茶、普洱茶等茶艺表演的手法。

实践效果：通过实训，学生能掌握运用各种茶具冲泡茶叶的技能。

任务一　玻璃杯具——绿茶的冲泡法

一、用具选择

用具包括：玻璃茶杯一支、白瓷茶壶一把、香炉一个、脱胎漆器茶盘一个、开水壶两个、锡茶叶罐一个、茶巾一条、茶道器一套、绿茶适量。

二、基本程序

（1）点香焚香除妄念。

（2）洗杯冰心去尘凡。

（3）凉汤玉壶养太和。

（4）投茶清宫迎佳人。

（5）润茶甘露润莲心。

（6）冲水凤凰三点头。

（7）泡茶碧玉沉清江。

（8）奉茶观音捧玉瓶。

（9）赏茶春波展旗枪。

（10）闻茶慧心悟茶香。

（11）品茶淡中品至味。

（12）谢茶自斟乐无穷。

三、绿茶程序解说

第一道：焚香除妄念。俗话说："泡茶可修身养性，品茶如品味人生。"古今品茶都讲究要平心静气。"焚香除妄念"就是通过点燃这支香，来营造一个祥和肃穆的气氛。

第二道：冰心去凡尘。"冰心去凡尘"就是用开水再烫一遍本来就干净的玻璃杯，做到茶杯冰清玉洁、一尘不染。

第三道：玉壶养太和。绿茶属于芽茶类，茶叶细嫩。若用滚烫的开水直接冲泡，会破坏茶芽中的维生素并造成熟汤失味，只宜用80℃的开水。"玉壶养太和"是指把开水壶中的水预先倒入瓷壶中养一会儿，使水温降至80℃左右。

第四道：清宫迎佳人。苏东坡有诗云："戏作小诗君勿笑，从来佳茗似佳人。"清宫迎佳人就是用茶匙把茶叶投放到冰清玉洁的玻璃杯中。

第五道：甘露润莲心。好的绿茶外观如莲心，乾隆皇帝把茶叶称为"润心莲"。"甘露润莲心"就是在开泡前先向杯中注入少许热水，起到润茶的作用。

第六道：凤凰三点头。冲泡绿茶时也讲究高冲水，在冲水时水壶有节奏地三起三落，好比凤凰向客人点头致意。

第七道：碧玉沉清江。冲入热水后，茶先是浮在水面上，而后慢慢沉入杯底，我们称之为"碧玉沉清江"。

第八道：观音捧玉瓶。佛教故事中传说观音菩萨常捧着一个白玉净瓶，净瓶中的甘露可消灾祛病，救苦救难。茶艺师把泡好的茶敬奉给客人，我们称之为"观音捧玉品"，意在祝福人们一生平安。

第九道：春波展旗枪。这道程序是绿茶茶艺的特色程序。杯中的热水如春波荡漾，在热水的浸泡下，茶芽慢慢地舒展开来，尖尖的叶芽如枪，展开的叶片如旗。一芽一叶的称为"旗枪"；一芽两叶的称为"雀舌"。在品绿茶之前先观赏，在清碧澄净的茶水中，千姿百态的茶芽在玻璃杯中随波晃动，好像生命的绿精灵在舞蹈，十分生动有趣。

第十道：慧心悟茶香。品绿茶要一看、二闻、三品味。在欣赏“春波展旗枪”之后，要闻一闻茶香。绿茶与花茶、乌龙茶不同，它的茶香更加清幽淡雅，必须用心灵去感悟，才能够闻到那春天的气息，以及清醇悠远、难以言传的生命之香。

第十一道：淡中品致味。绿茶的茶汤清纯甘鲜，淡而有味。它虽然不像红茶那样浓艳醇厚，也不像乌龙茶那样岩韵醉人，但是只要你用心去品，就一定能从淡淡的绿茶香中品出天地间至清、至醇、至真、至美的韵味来。

第十二道：自斟乐无穷。品茶有三乐。一曰：独品得神。一个人面对青山绿水或高雅的茶室，通过品茗，心驰宏宇、神交自然、物我两忘，此一乐也。二曰：对品得趣。两个知心朋友相对品茗，或无须多言即心有灵犀一点通或推心置腹诉衷肠，此亦一乐也。三曰：众品得慧。众人相聚品茶、互相沟通、相互启迪，可以学到许多书本上学不到的道德知识，这同样是一大乐事。在品了头道茶后，请嘉宾自己泡茶，以便通过实践，从茶事活动中感受修身养性、品味人生的无穷乐趣。

任务二　北京盖碗——花茶的冲泡法

北京人爱饮花茶，北京盖碗茶，即以花茶（北京香片）为主要用茶。

1. 品茶用具

品茶用具包括：绢帕、挂绢帕的挂架、茶罐、盖碗、清水罐、水勺、铜炉及铜壶、水盂等。

2. 程式

（1）选茶：北方人喜爱的花茶属于绿茶的再加工茶，又称香片。窨制香片常用茉莉花、兰花、代代花、桂花等。窨制花茶要在三伏天进行，因为三伏天的茉莉花香气最浓。

（2）用水：用泉水、纯净水等泡茶的效果较好。古都北京有不少名泉，如延庆的珍珠泉、卧佛寺的水源头、八大处的龙泉等。用中软水泡茶，可使茶中的有效成分充分浸出，茶汤明亮，滋味鲜活。

（3）用具：沏泡花茶要用盖碗，加碗盖有利于保持香气和清洁；茶碗呈现喇叭形状，可使饮茶人清楚地看到茶叶在碗中的形态，碗底浅可使饮茶人及时品尝到碗根处的浓酽茶汤；碗托可以护手，又可保温，更显示出古都茶文化的考究与尊严。盖、碗、托三位一体，不可分离。

（4）温盏：温盏给碗升温，有利于茶汁的迅速浸出。

（5）置茶：北京盖碗讲究香醇浓酽，每碗可放干茶叶 3 克。投茶时，可遵照五行学说，按木、火、土、金、水五个方位一一投入。

（6）冲茶：冲泡花茶要用沸水。先注水少许，温润茶芽，然后再悬壶高冲，使茶叶在杯中上下翻腾，加速其溶解。一般注水七成为宜。

（7）品茶：在饮用盖碗茶时，用左手托住盏托，右手拿起碗盖，轻轻拂动茶汤表面，使茶汤上下均匀。然后开始闻香、观色，缓啜三口。之后，便可随意细品了。花茶以形整、色翠、香气浓酽为好。

（8）重酌：茶要趁热连饮。当客人杯中尚余三分之一左右的茶汤时，主人就应及时添注热水。品饮花茶，以第二泡的滋味最好，因茶中的有效成分已基本上充分浸出，故此时茶叶香酽浓郁，回味无穷。好花茶可以冲泡三开，三开以后，茶味已淡，不再续饮。

任务三　闽式小壶——乌龙点茶法

乌龙茶冲饮方式特别，技艺细致而考究，共有十九道程序。

第一道：备器候用，准备泡茶用具。

第二道：叶嘉酬宾（请客人观赏茶叶）。“叶嘉”是苏东坡用拟人手法，比喻茶中佳美。

第三道：活煮山泉。香泉一合乳，煎作连珠沸。泡茶用山泉水为上，煮到初沸为宜。

第四道：孟臣沐淋，即烫洗茶壶。孟臣是明代紫砂壶制作名家，后代把明茶壶喻为孟臣壶。

第五道：乌龙入宫。把乌龙茶放入紫砂壶内。

第六道：悬壶高冲。高冲水可使茶叶上下翻动，使茶叶的有效成分更易溶出。头泡茶不喝，润茶。

第七道：凤凰三点头。表示对各方来宾的欢迎和敬意。

第八道：春风拂面。用壶盖轻轻刮去表面的泡沫，使茶叶清新洁净。

第九道：重洗仙颜。用开水浇淋茶壶，既洗净壶的外表，又能提高壶温。

第十道：若琛出浴。即烫洗茶杯，若琛是清初人，以善制茶杯而出名，后人把名贵的茶杯喻为若琛杯。

第十一道：游山玩水。即刮去壶底之水，防其滴入杯中。

第十二道：关公巡城。即依次来回往各杯斟茶水。

第十三道：韩信点兵。壶中茶水剩少许后，则往各杯点斟茶水。

第十四道；敬奉香茗。将冲泡好的乌龙茶，恭敬地奉献给各位嘉宾。

第十五道：三龙护鼎。以此手法持杯饮茶，既稳当又雅观。

第十六道：鉴赏三色。认真观看茶水在杯中的上中下三种颜色。

第十七道：喜闻幽香。嗅闻茶香。

第十八道：初品奇茗。观色闻香后开始品茶味。

第十九道：收杯尽具。将收回的杯子重新烫洗一遍，以示对各位来宾的谢意。

任务四　潮州工夫（盖碗）——广东乌龙茶的泡法

盖碗也称“三才杯”，暗含天地人和之意，用来冲泡乌龙茶（安溪铁观音是乌龙茶中的极品）。在福建省安溪县，审评师在评审茶叶等级时，通常都用盖碗泡法。用盖碗冲泡乌龙茶（安溪铁观音），便于观色闻香，所以专业茶师都偏爱用盖碗泡法。用盖碗泡铁观音茶，具有简便、易学、不吸味、导热快、实用、高雅而优美等优点。现在市场有售五克、七克、十克等不同容量的盖碗，很容易就能根据自己所买的盖碗来定投茶量。

这套茶艺共八道程序。

1. 洗杯——白鹤沐浴

用开水洗净茶具，并提高茶具的温度。

2. 落茶——乌龙入宫

这一茶艺程序在福建省安溪县被称为“落茶”或“投茶”，投茶量可根据个人爱好而灵活掌握，一般为7克。

3. 冲茶——悬壶高冲

冲泡时最好能使茶叶在杯中旋转。

4. 刮沫——春风拂面

用杯盖轻轻刮去浮在杯面的泡沫。

5. 出汤——玉液回公

把盖碗中的茶汤倒进公道杯中使茶汤浓淡均匀。

6. 点茶——韩信点兵（关公巡城）

将公道杯中茶汤公平均匀地倒入客人的品茗杯中，以供嘉宾使用。

7. 看茶——赏色闻香（喜闻幽香）

观赏茶汤的色泽并闻杯盖上留香。

8. 品茶——品啜甘露（领悟岩韵）

品铁观音茶要边啜边嗅，浅尝细品，才能感悟到美妙的各种铁观音花香和观音韵。

注：初用盖碗时，容易烫手，使杯中茶汤倒之不尽，会使茶汤显老，应多加练习。

任务五　台式小壶——乌龙点茶法

台式乌龙茶艺的主要茶具：紫砂茶壶、茶盅、品茗杯、闻香杯、茶盘、杯托、电茶壶、置茶用具、茶巾等。

主要茶品：冻顶乌龙、文山包种、阿里山茶。

这套茶艺的程序如下：

（1）摆具。将茶具一一摆好，茶壶与茶盅并排置于茶盘之上，闻香杯与品茗杯一一对应并列而立。电茶壶置于左手边。

（2）赏茶。用茶匙将茶叶轻轻拨入茶荷内，供来宾欣赏。

（3）温壶。温壶不仅要温茶壶，还要温茶盅。用左手拿起电茶壶，注满茶壶，接着右手拿壶，注入茶盅。

（4）高温杯。将茶盅内的热水分别注入闻香杯中，用茶夹夹住闻香杯旋转 360 度后，将闻香杯中的热水倒入品茗杯。同样用茶夹夹住品茗杯旋转 360 度后，杯中水倒入涤方或茶盘。

（5）投茶。将茶荷的圆口对准壶口，用茶匙轻拨茶叶入壶。投茶量为 1/2 至 2/3 壶。

（6）洗茶。左手执电茶壶，将 100℃沸水高冲入壶。盖上壶盖，淋去浮沫。立即将茶汤注入茶盅，分于各闻香杯中。洗茶之水可以用于闻香。

（7）高冲。执电茶壶高冲沸水入壶，使茶叶在壶中尽量翻腾。第一泡时间为 1 分钟，1 分钟后将茶汤注入茶盅，分到各闻香杯中。

（8）奉茶。闻香杯与品茗杯同置于杯托内，双手端起杯托，送至来宾面前请客人品尝。

（9）闻香。先闻杯中茶汤之香，然后将茶汤置于品茗杯内，闻杯中的余香。

（10）品茗。闻香之后可以观色品茗。品茗时分三口进行，从舌尖到舌面再到舌根，不同位置的香味也各有细微的差异，需细细品，才能有所体会。

（11）再次冲泡。第二次冲泡的手法与第一次相同，只是时间要比第一泡增加 15 秒，以此类推，每冲泡一次，冲泡的时间也要相应增加。优质乌龙茶内质好，如果冲泡手法得当，可以冲泡几十次，每次的色香味甚至能基本相同。

（12）奉茶。自第二次冲泡起，奉茶可直接将茶分至每位客人面前的闻香杯中，然后重复闻香、观色、品茗、冲泡的过程。

台式茶艺侧重于对茶叶本身、与茶相关事物的关注，以及用茶氛围的营造。欣赏茶叶的色与香及外形，是茶艺中不可缺少的环节，冲泡过程的艺术化与技艺的高超，使泡茶成为一种美的享受，此外对茶具的欣赏与应用，对饮茶与自悟修身、与人相处的思索及对品茗环境的设计都包容在茶艺之中。将艺术与生活紧密相连，将品饮与人性修养相融合，形成了亲切自然的品茗形式，这种形式也越来越为人们所接受。

任务六 瓷质茶壶——红茶的冲泡法

主要用具：瓷质茶壶、茶杯（以青花瓷、白瓷茶具为好）、赏茶盘或茶荷、茶巾、茶匙、奉茶盘、热水壶及风炉、电炉或酒精炉。茶具在表演台上摆放好后，即可进行祁门工夫红茶表演。

1. “宝光”初现

祁门工夫红茶条索紧秀、锋苗好，色泽并非人们常说的红色而是乌黑润泽。国际通用红茶的名称为“black tea”，即因红茶干茶的乌黑色泽而来。

2. 清泉初沸

热水壶中用来冲泡的泉水经加热，微沸。壶中上浮的水泡，仿佛“蟹眼”已生。

3. 温热壶盏

用初沸之水，注入瓷壶及杯中为壶、杯升温。

4. “王子”入宫

用茶匙将茶荷或赏茶盘中的红茶轻轻拨入壶中。祁门工夫红茶也被誉为“王子茶”。

5. 悬壶高冲

这是冲泡红茶的关键。冲泡红茶的水温要在100℃，刚才初沸的水，此时已是“蟹眼已过鱼眼生”，正好用于冲泡。而高冲可以让茶叶在水的激荡下，充分浸润，以利于色、香、味的充分发挥。

6. 分杯敬客

用循环斟茶法，将壶中之茶均匀地分入每一杯中，使杯中之茶的色、味一致。

7. 喜闻幽香

一杯茶到手，先要闻香。祁门工夫红茶是世界公认的三大高香茶之一，其香浓郁高长又有“茶中英豪”“群芳最”之誉。香气甜润中蕴藏着一股兰花之香。

8. 观赏汤色

红茶的红色，表现在冲泡好的茶汤中。祁门工夫红茶的汤色红艳，杯沿有一道明显的“金圈”。茶汤的明亮度和颜色表明红茶的发酵程度和茶汤的鲜爽度。

9. 品味鲜爽

闻香观色后即可缓啜品饮。祁门工夫红茶以鲜爽、浓醇为主，与红碎茶浓强的刺激性口感有所不同。滋味醇厚，回味绵长。

10. 再赏余韵

一泡之后，可再冲泡第二泡茶。

11. 三品得趣

红茶通常可冲泡三次，三次的口感各不相同，细饮慢品，徐徐体味茶之真味，方得茶之真趣。

12. 收杯谢客

红茶性情温和，收敛性差，易于交融，因此适合调饮。祁门工夫红茶同样适于调饮。然清饮更能领略祁门工夫红茶特殊的“祁门香”，领略其独特的内质、隽永的回味、明艳的汤色。

任务七　紫砂小壶——普洱茶的冲泡法

普洱茶茶艺的用具包括：

炭炉一个、陶制烧水壶一把、根雕茶桌一张、兔毫盏若干个、茶洗一个、有把手的泡壶一把、香炉一个、香一支、木鱼一个、磬一个、普洱茶 10~15 克、茶道一套、禅茶音乐。

普洱茶茶艺的基本程序如下：

焚香—调息—煮水—候汤—洗杯—烫壶—赏茶—投茶—冲水—洗茶—泡茶—分茶—敬茶—闻香—观色—品茶—回味—谢茶。

模块十二　名茶茶艺表演的程序

实践目标：了解西湖龙井、铁观音的冲泡表演方法。
实践准备：龙井茶叶、铁观音茶叶、茶具。
实践形式：实操训练。
实践课时：4 课时。
实践指导：教师指导西湖龙井、铁观音茶艺表演的手法。
实践效果：通过实训，学生能熟练掌握西湖龙井及铁观音茶茶艺手法。

任务一　绿茶之首——龙井茶的冲泡表演

西湖龙井（下投法）茶艺的程序如下：

1. 点香——焚香静心

俗话说："泡茶可修身养性，品茶如品味人生。"古今品茶都讲究首先要平心静气。"焚香静心"，即通过点燃这炷香来营造一个祥和肃穆的气氛，并达到驱除妄念、心平气和的目的。

2. 赏茶——初识仙姿

龙井茶外形扁平光滑，享有色绿、香郁、味醇、形美"四绝"之盛誉。优质龙井茶，通常以清明前采制的为最好，称为明前茶；谷雨前采制的稍逊，称为雨前茶，而谷雨之后的就非上品了。明人田艺衡曾有"烹煎黄金芽，不取谷雨后"之语。

3. 赏泉——再赏甘霖

"龙井茶、虎跑水"是举世闻名的西湖双绝，冲泡龙井茶最好用虎跑泉水，如此才能茶水交融，相得益彰。虎跑泉的泉水是从砂岩、石英砂中渗出的。将硬币轻轻置于盛满虎跑泉水的赏泉杯中，硬币置于水上而不下沉，水面高于杯口而不外溢，表明该水水分子密度高、面张力大，碳酸钙含量低。

4. 洗杯——洗涤扬尘

“洗涤凡尘”，即用开水再烫洗一遍本来就是干净的玻璃杯，做到茶杯冰清玉洁，一尘不染。冲泡高档龙井茶要用透明无花的玻璃杯，以更好地欣赏茶叶在水中上下翻飞、翩翩起舞的仙姿，观赏碧绿的汤色、细嫩的茸毫，领略清新的茶香。将水注入将用的玻璃杯，一来清洁杯子，二来为杯子增温。

5. 凉汤——玉壶太和

龙井茶属于芽茶类，因为茶芽细嫩，若用滚烫的开水直接冲泡，会破坏茶芽中的维生素并造成熟汤失味，所以在冲泡高级龙井茶时，只宜用 80℃左右的开水。“玉壶太和”，即把开水壶中的水预先倒入瓷壶养一会儿，使水温降至 80℃左右，用这样的水泡茶不温不火，恰到好处，泡出的茶色香味俱佳。

6. 投茶——清宫佳人

苏东坡有诗云：“戏作小诗君勿笑，从来佳茗似佳人。”他把优质茶比喻成让人一见倾心的绝代佳人。“清宫佳人”就是用茶匙把茶叶投入冰清玉洁的玻璃杯中。“茶滋于水，水籍于器。”茶与水的比例适宜，冲泡出来的茶才能不失茶性，并充分展示茶的特色。一般来说，茶叶与水的比例为 1∶50，即 100 毫升容量的杯子放入 2 克茶叶。将茶叶从茶罐中轻轻取出，每杯用茶 2~3 克。置茶要心态平静，茶叶勿掉在杯外。敬茶惜茶，是茶人应有的修养。（投茶——将原先倒置的茶杯翻转，使其口沿向上，一字摆开。然后，将茶罐打开，用茶匙将所需茶叶拨入茶荷，并将茶叶一一拨入茶杯中待泡）

7. 润茶——润莲心

好的龙井茶外观嫩如莲心，清代乾隆皇帝把茶叶称为“润心莲”。“润心莲”即在开泡前先向杯中注入少许热水，起到润茶的作用。采用“回旋斟水法”向杯中注入少许，以 1/4 杯为宜，温润的目的是浸润茶芽，使干茶吸水舒展，为将要进行的冲泡打好基础。（浸润泡——向杯中倾入适当温度的开水，用水量为杯容量的 1/4 至 1/5。放下水壶，提杯向逆时方向转动数圈，目的在于使茶浸润，吸水膨胀，便于内含物质浸出。时间掌握在 1 分钟以内。）

8. 冲水——凤凰三点头

冲泡龙井茶时也讲究高冲水，在冲水时水壶有节奏地三起三落，好比是凤凰在向嘉宾们点头致意。温润的茶芽已经散发出一缕清香，这时高提水壶，让水直泻而下，接着利用手腕的力量，上下提拉注水，反复三次，让茶叶在水中翻动。这一冲泡手法，雅称凤凰三点头。凤凰三点头不仅出于泡茶本身的需要，为了显示冲泡者的姿态优美，更是中国传统礼仪的体现。三点头像是对客人鞠躬行礼，是对客人表示敬意，同时也表达了对茶的敬意。（冲泡——提壶冲水入杯，通常用凤凰三点头法冲泡，水至茶杯总容量的七成满为止，这种冲泡方法叫下投法。但对一些外形紧结重实的细嫩名优绿茶，诸如蒙顶甘露、庐山云雾等可采用上投法冲泡。即杯中先冲上七分满的水，再取茶投入，茶叶就会徐徐下沉，逐渐展。）

9. 奉茶——观音捧玉瓶

客来敬茶是中国的传统习俗，也是茶人所遵从的茶训。将精心泡制的清茶与新朋老友共赏，别有一番情趣。让我们共同领略这大自然赐予的绿色精灵。佛教故事传说观音菩萨常捧着一个白玉净瓶，净瓶中的甘露可消灾除病，救苦救难。茶艺师把沏泡好的茶敬奉给客人，我们称之为“观音捧玉瓶”，意在祝福人们一生平安。（奉茶——要面带微笑，双手欠身奉茶。茶杯摆放的位置，以方便客人取饮为原则。茶放好后，应向客人伸手掌示意，说声“请品茶!”）

10. 赏茶——春波展旗枪

这道程序是龙井茶艺的特色程序。杯中的热水如春波荡漾，在热水的浸泡下，茶芽慢慢地舒展开来，尖尖的叶芽如枪，展开的叶片如旗。一芽一叶的称为“旗枪”，一芽二叶的称为“雀舌”，直直的茶芽称为“针”，弯曲的茶芽称为“眉”。在品龙井茶之前，先观察在清碧澄净的茶水中，千姿百态的茶芽在玻璃杯中随波晃动，好像有生命的绿精灵在舞蹈，十分生动有趣。

11. 闻茶——辨香识茶韵

品龙井茶要一看、二闻、三品味，在欣赏了“春波展旗枪”之后，要闻一闻茶香。龙井茶与花茶和乌龙茶不同，它的香气更加清幽淡雅，必须用心灵去感悟，才能够闻得到龙井茶那种春天的气息，以及清纯悠远、难以言传的生命之香。评定一杯茶的优劣，必须从色、形、香、味入手。龙井是茶中珍品，素有“色绿、香郁、味甘、形美”四绝佳茗之称。其色澄清碧绿，其形一旗一枪，交错相映，上下沉浮。通常采摘茶叶时，只采嫩芽称“莲心”；一芽一叶，叶似旗、芽似枪，则称为“旗枪”；一芽两叶，叶形卷曲，形似雀舌，故称“雀舌”。闻其香，则是香气清新醇厚，无浓烈之感，细品慢啜，体会齿颊留芳、甘泽润喉的感觉。

12. 品茶——淡中品至味

龙井茶的茶汤清纯甘鲜，淡而有味，它虽然不像红茶那样浓艳醇厚，也不像乌龙茶那样醉人，但是只要你用心去品，就一定能从淡淡的龙井茶汤中品出天地间至清、至醇、至真、至美的韵味来。龙井茶大多冲泡三次，第二泡的色香味最佳。因此当客人杯中茶水见少时，要及时添注热水。龙井茶初品时会感清淡，需细细体会，慢慢领悟。正如清代茶人陆次云所说：“龙井茶，真者甘香如兰，幽而不洌，啜之淡然，似乎无味，饮过之后，觉有一种太和之气，弥沦于齿颊之间，此无味之味乃至味也。为益于人不浅，故能疗疾，其贵如珍，不可多得也。”品尝龙井茶，像是观赏一件艺术品。透过玻璃杯看着上下沉浮的茶叶，看着青绿的清汤，娇嫩的茶芽，龙井茶仿佛是一曲春天的歌、一幅春天的画、一首春天的诗。让人置身在一派浓浓的春色里，生机盎然，心旷神怡。

13. 谢茶——有缘再聚

品茶有三乐。一曰“独品得神”，一个人面对青山绿水或置身于高雅的茶室，通过品茗，心驰寰宇，神交自然，物我两忘，此一乐也。二曰“对品得趣”，即两个知心的朋友相对品茗，或无须多言即心有灵犀一点通，或推心置腹倾诉衷肠，此亦一乐也。三曰“众品得慧”孔子曾说：“三人行，必有我师焉。”众人相聚品茶，相互沟通，相互启迪，可以学到很多书本中学不到的知识，这同样是一大乐事。在品了头道茶之后，请嘉宾自己泡茶，以便通过亲自实践，从茶事活动中去感受修身养性、品味人生的无穷乐趣。鲁迅先生说过：“有好茶喝，会喝好茶，是一种清福。”

任务二　乌龙茶之极品——铁观音茶的冲泡表演

古人云：“一杯春露暂留客，两腋清风几欲仙。”可见茶不仅是一种佳饮，而且能让我们身心愉悦。以极品安溪铁观音为例，极品安溪铁观音产自福建安溪，有美如观音重如铁之说，属安溪乌龙茶之极品。极品安溪铁观音，要用沸水冲泡，这样才最能体现出其独特的香韵。

第一步：孟茶净心（洗茶具）。孟臣是明代制壶名家，后世将上等的紫砂壶称为“孟臣壶”。“净心”是指用开水洗净茶具将紫砂壶内外涤烫，我们心中的烦恼也随之而去。

第二步：观音入宫（落茶）。安溪茶叶被称为乌龙，紫砂壶被称为茶的宫殿，乌龙入宫就是将安溪茶叶拨入紫砂壶中，在此要特别注意安溪茶叶的用量。放茶量约占茶具容量的三分之一。

第三步：悬壶高冲（冲茶）。全唐诗中写道：“只得流霞洒一杯，空中箫鼓几时回”泡茶讲究“高冲水低斟茶，”所以冲水应提壶高冲。也称高山流水，代表高山流水觅知音之意。

第四步：春风拂面（刮泡沫）。轻轻地刮去壶口的泡沫，可以使茶更显清新明亮。

第五步：鲤鱼翻身（翻转手势）。将扣合的品茗杯翻转过来称为鲤鱼翻身。中国古代神话传说，鲤鱼翻身跃龙门可化龙登天而去，喻工作顺利，事业有成。

第六步：关公巡城（倒茶）。将泡好的茶巡回倒入闻香杯内，保持每杯茶汤浓淡一致，倒茶时水速应不急不缓，好似祥龙行雨，甘霖普降。

第七步：韩信点兵（点茶）。中国讲究茶倒七分，留下三分装情意。

第八步：敬奉香茗（敬茶）。一盏香茗奉知己。

第九步：空谷幽兰。品茶时分为三品：一闻、二看、三品。先端起品茗杯，然后将闻香杯倾斜 45 度角沿着杯沿慢慢旋转一周称之为花好月圆，然后再慢慢将闻香杯移至鼻端轻轻揉搓就可以闻到茶香四溢。

第十步：鉴尝汤色。欣赏茶汤的深浅变化，汤色金黄明亮，使人赏心悦目。

第十一步：品啜甘霖。因为品字是由三个“口”组成，那么品茶时要喝三口，第一口在舌间、第二口在喉间、第三口在心间。品茶，品铁观音，品人生百味。苦中作乐，韵味悠长。正如范仲淹说：不如仙山一啜好，冷然便遇乘风飞。

参考文献

[1] 陈宗懋. 中国茶叶大辞典 [M]. 北京：中国轻工业出版社，2008.

[2] 王岳飞，徐平. 茶文化与茶健康 [M]. 北京：旅游教育出版社，2014.

[3] 贾红文，赵艳红. 茶文化概论与茶艺实训 [M]. 3版. 北京：清华大学出版社，2021.

[4] 濮元生，朱志萍. 茶艺实训教程 [M]. 北京：机械工业出版社，2017.

[5] 林治. 中国茶道 [M]. 北京：中华工商联合出版社，2000.

[6] 龚永新. 茶文化与茶道艺术 [M]. 北京：中国农业出版社，2014.

[7] 范增平. 中华茶艺学 [M]. 北京：台海出版社，2000.

[8] 董学友. 茶叶检验与茶艺 [M]. 北京：中国商业出版社，2004.

[9] 云峰. 品茶地图 [M]. 北京：农村读物出版社，2005.

[10] 徐晓村. 中国茶文化 [M]. 北京：中国农业大学出版社，2005.

[11] 查俊峰，尹寒. 茶文化与茶具 [M]. 成都：四川科学技术出版社，2003.

[12] 胡小毅. 茶文化与养生 [M]. 北京：中国物资出版社，2005.

[13] 唐存才. 茶与茶艺鉴赏 [M]. 上海：上海科学技术出版社，2004.

[14] 刘勤晋. 茶文化学 [M]. 北京：中国农业出版社，2002.

[15] 丁以寿. 中华茶艺 [M]. 合肥：安徽教育出版社，2008.

[16] 宛晓春. 中国茶谱 [M]. 北京：中国林业出版社，2007.

[17] 饶雪梅，李俊. 茶艺服务实训教程 [M]. 北京：科学出版社，2008.

[18] 张涛. 茶艺基础 [M]. 桂林：广西师范大学出版社，2015.